U0005284

啤酒素養學

原料、釀造、品飲的享樂指南

富江弘幸

晨星出版

前言

不知何時，我開始覺得啤酒好像是一項富含許多有趣元素的產品。簡單來說，我認為啤酒就像小說、漫畫、電影、電玩、音樂一樣，是一種充滿娛樂性的酒類。

我會這麼說，原因在於啤酒的多元性特性。一提到啤酒，我想至今還是有很多人認為最正統的喝法就是把它冰得涼涼的，咕嘟咕嘟地痛快暢飲。不過，部分原因和「精釀啤酒」的知名度大增也有關係，我想大家對啤酒的印象已經慢慢在改變了。不過，知道啤酒有酸味、甜味等各種口味的人，目前還不是很多。

我認為具備多樣性這一點，是成為一項充滿娛樂性的產品的必備條件之一。

舉例而言，請問各位看過《三國志》嗎？

或許有人看過以中國史書為藍本，由羅貫中所著的小說《三國志演義》。另外，日本也有人以其為藍本，創作了許多冠上《三國志》之名的作品，包括小說和電玩等。故事的趣味性當然是《三國志》的魅力所在，不過我認為登場人物的多樣性也功不可沒。《三國志》的登場人數不只以數量取勝，每一個角色所各自展現的個性也相當具有吸引力。

另外，我小時候很迷《金肉人》和《聖魔大戰》的漫畫。我想，這兩部作品之所以讓我如此著迷，原因也在於其人物的多樣性。這幾年相當流行的《妖怪手錶》和《寶可夢》，也是以內容的多樣性為最大的號召力。

我認為啤酒具備的多樣性絲毫不遜於上述的作品。到底啤酒具備哪些多樣性呢？我試著列舉出以下幾項。

第一是味道的多樣性。說到「啤酒」，除了各位想像得到的味道，還有讓人猜不透的苦味啤酒、甜味啤酒、偏酸的啤酒、帶有濃濃香料味的啤酒；嚴格說起來，沒有人可以規定「啤酒應該就是這種味道」。只要以麥為主要原料，不論添加何種材料釀造都沒有限制。這點也稱得上是製法的多樣性（日本的酒稅法把使用某些材料的種類稱為發泡酒，但本書也把它們視為啤酒）。

多樣性的喝法也是啤酒的特色之一。冰得涼涼的大口暢飲，只不過是其中的一種喝法。有些啤酒適合飲用的溫度是15度，但也有些啤酒適合加熱再喝。另外，有些品牌也推出了可以存放好幾年、等待熟成的啤酒，讓消費者享受不同的熟成年分所帶來的變化。

其次是地域的多樣性。舉例而言，相較於葡萄酒基本上只適合在葡萄的產地釀造，啤酒則沒有這樣的限制。只要設備齊全，不論在世界的哪一個地方都能夠生產，也沒有特定的釀造時期。此外，水質、酵母、副原料等材料的特性會隨著地區而異，這點也造就了啤酒風味的多樣性。

另外，釀造者的多樣性也是啤酒的特色之一。啤酒的生產沒有釀造地區和時期等限制，所以相對地也更容易表現出釀造者的個性。此外，每一間釀酒廠各有其歷史傳承，我想這點也為啤酒的賞味增加了更多的樂趣。

當然，上述的多樣性，有一部分也適用於其他酒類。但是在眾多酒類之中，啤酒的受限最少，具備多樣性的面向也特別多。

如此看來，各位是不是也覺得啤酒的確是一項非常有趣的產品呢？我想有些人已經找到自己心目中最愛的啤酒或釀酒廠，至於還沒找到的人，我相信一定也有會讓你更著迷於啤酒魅力的種類，正在世界的某個角落等著你去發掘。

本書的標題用了「素養」兩個字，但是我對它的定義並非僅限於身為一個社會人必須具備的文化知識與品味，而是也包括了娛樂等日常生活中會接觸到的知識。希望各位能以更廣義的角度去定義素養。同時，我將盡可能利用有限的篇幅，向各位傳達啤酒的魅力。

話雖如此，對於表達啤酒的魅力而言，本書的內容不過只達到「蜻蜓點水」的程度。以大學的課程而言，相當於一般通識課程吧。如果各位能帶著輕鬆愉快的心情，拿罐啤酒邊喝邊讀，我想就再好不過了。

CONTENTS

啤酒素養學

原料、釀造、品飲的享樂指南

CONTENTS

第 1 章

為什麼難以回答
「最好喝的啤酒是哪一種？」

請不要以為
「每種啤酒的味道都一樣」

不知道各位曉得 YONA YONA ALE 這種啤酒嗎？

它是由總公司位於長野縣輕井澤町，名為 Yo-Ho Brewing 的釀酒廠所出品的一款啤酒。Yo-Ho Brewing 出品的每一款啤酒都很有個性，不論是商品名稱還是包裝設計，樣樣都讓人印象深刻，過目不忘。YONA YONA ALE 是 Yo-Ho Brewing 最早推出的產品，從 1997 年開始販售。

老實說，撇開日本啤酒 5 大廠（朝日、麒麟、三寶樂、三得利、Orion）不計，我生平第一次喝的啤酒，就是上述的 YONA

YONA YONA ALE（Yo-Ho Brewing）

YONA ALE。雖然距今已經是20幾年前的往事，但是當時把啤酒拿在手上，以及入喉的感覺，至今仍讓我印象深刻。

我第一次看到YONA YONA ALE，是在當時我家附近超市的酒類專區。雖然我當年還只是個20歲出頭的小夥子，不過已經徹底迷上啤酒的滋味。只要有機會喝酒，一定非啤酒莫屬。不過，我對品牌倒是沒有特別的講究，因為我的個性喜歡嘗鮮，只要看到新產品或不常見的產品，就會買來喝看看。

YONA YONA ALE就是某次我到超市「巡視」時，一眼就看中的商品。罐身的圖案是一輪浮現在闇夜的明月，雖然和啤酒的形象不算是很突兀，但也「不像啤酒」。至於YONA YONA（漢字為夜夜）的名稱，則是出於為了營造出讓人想在晚上悠閒啜飲啤酒的概念。

和貨架上其他品牌的啤酒相比，YONA YONA ALE看起來特別顯眼，吸睛度十足。買回家打開一喝，發現它的啤酒顏色也與眾不同。當時我唯一的感想是「這個牌子的啤酒好像和其他啤酒有點不一樣」，但總而言之，這款啤酒的味道和名稱都贏得了我的好感，所以之後我也常買來喝，直到現在也是。

這款啤酒對我而言的意義在於「大廠牌以外第一次喝到的啤酒品牌」，所以深具紀念價值。

不過，要是有人問我「人生中第一次喝到的啤酒品牌是哪一個？」老實說我已經想不起來了。可能是和YONA YONA ALE相比，其他大廠的啤酒不論是外觀或味道帶給我的震撼都遜色許多，但這點是大廠牌的非戰之罪。那時是「先來杯啤酒再說」的全盛期，而且我本身也不是很關心啤酒的品牌，所以追根究柢起來，原因源自於我對「啤酒的味道都一樣」的刻板印象。

啤酒就是要大口暢飲
的刻板印象

我到現在還清楚記得生平第一次喝到的進口啤酒。

當時我喝的是一款名為ST. SEBASTIAAN（神喜伯）的比利時啤酒。因為我覺得外表看起來很稀奇，所以就買了。那次我本來只是隨意走進池袋的東武百貨的酒類賣場逛逛，結果看到貨架上一整排來自比利時等國家的進口啤酒。ST. SEBASTIAAN的陶瓷瓶身，搭配可蓋式的瓶蓋（Swing Cap），讓我留下深刻的印象。這款啤酒的特色是皇冠式瓶蓋用開罐器扭開後，可以塞入可蓋式瓶蓋密封。

ST. SEBASTIAAN GRAND CRU
（Sterkens釀酒廠）

我純粹是被這款啤酒的外觀所吸引而買單，至於味道反倒是其次了。後來我在與幾個朋友聚會的時候，打開了這罐啤酒和大夥兒分享。實際喝了以後，覺得喝起來少了啤酒應有的爽快感。我覺得這款啤酒的酒味很濃，而且還有一股一般啤酒沒有的果香味。

包含我本人在內，當時大家對ST. SEBASTIAAN的評價是貶多於褒。現在回想

起來，當時的評價好像對它有失公允。不過，當時的我們之所以不識貨，或許是出於「啤酒應該就是要大口暢飲，喝起來感覺爽快」的刻板印象。

　　不過，我發現對啤酒不抱著「啤酒的味道都一樣」「啤酒應該就是要大口暢飲，喝起來感覺爽快」等刻板印象的人其實超乎想像的多。我一開始也對啤酒抱著上述的刻板印象，直到喝過的啤酒愈來愈多，自己也做了些功課，才逐漸認知到原來世界上有很多啤酒，喝了會讓人懷疑「這真的是啤酒嗎」，於是我也知道了「並不是所有的啤酒都適合咕嘟咕嘟地大口暢飲」。

　　我想不僅限於啤酒，當我們試圖要了解某件事時，最好儘量不要帶著有色眼鏡。如果換成更積極的說法，大概就是「要彈性思考」吧。事實上，世界上有許多啤酒都是自由思考下的產物。包括裝在威士忌桶熟成的啤酒、添加了山椒的啤酒、喝起來像檸檬醋一樣酸味很濃的啤酒等，種類多到不勝枚舉。

　　以裝在威士忌桶熟成的啤酒為例，這類啤酒的酒精度數都不低，超過10%的比比皆是。啤酒若放在威士忌桶裡熟成，除了本身的味道，還會增添一股威士忌桶的風味。總而言之，這類啤酒的特徵除了酒精度數高，味道厚實，而且多了一股威士忌桶的氣味。即使沒喝過，各位是否多少能想像出它的味道呢？總之，這類啤酒不適合大口暢飲。

　　ST. SEBASTIAAN雖然不是裝在威士忌桶熟成的啤酒，但酒精度數高，不是想大口暢飲啤酒時的最佳選擇。從這點看來，我當時只是因為喝法和選擇的時機不對，但無損啤酒本身的評價。

　　簡單來說，只要搭配的場合和時機對了，它會是一款非常美味的啤酒吧。在我心目中，ST. SEBASTIAAN不單是我人生首度

品嘗的外國啤酒，就讓我重新對啤酒改觀的角度而言，它也是令我難以忘懷的啤酒之一。

拋開刻板印象，
看見啤酒的多樣性

透過上述篇幅，我已經介紹了我原本對啤酒抱持的刻板印象，以及「大廠牌以外第一次喝到的啤酒品牌」和「生平第一次喝到的進口啤酒」。

老實說，「大廠牌以外第一次喝到的啤酒品牌」是我常被問到的問題之一。另外，比起這個問題，我更常被問到的問題是「你覺得最好喝的品牌是哪一個？」。

與這個問題有點類似的另一個問題是「你推薦的啤酒是哪一款呢」。我可以充分理解，發問的人應該覺得這只是個無傷大雅的問題，而且想知道懂啤酒的人覺得哪一種啤酒好喝，也是人之常情。

就像我們去餐廳吃飯，常常會在菜單看到「本日推薦」。有選擇困難症的人，只要向店員問一聲「請問本日推薦是什麼？」，應該會覺得如釋重負吧。

類似的問題還有「你覺得最好喝的啤酒是哪一種？」「可以告訴我你最推薦的啤酒是哪一款？」，都是讓我聽了會覺得很為難，不知該如何作答的問題。

如果是餐廳，就不愁沒有值得推薦的明確理由了。例如進了今天早上才採收的蔬菜、進了現在盛產的鮮魚等。但是，針對

「你覺得最好喝的啤酒是哪一種？」「請幫我推薦一款你覺得好喝的啤酒」的提問，回答的人很難找到「最好」「值得推薦」的明確理由，所以會覺得很困擾。

困擾的原因可分為兩大項。

第一是選項太多，要從中選出第一名很困難。另一項是回答者不知道發問者的喜好和狀況。

當然這種情況不僅限於啤酒。舉例而言，如果有人問你「你最喜歡的書是哪一本？」「你最推薦的書是什麼？」，你應該也會覺得傷腦筋，不知道該如何回答吧。世界上的書，數量多如繁星，要從中挑一本出來，無疑是難上加難（當然也可能有人覺得一點都不難……）。

而且，書還有類型之分，包括漫畫、懸疑小說、非虛構作品等，每一種類型都各有值得推薦的作品。所以，即使向喜歡看懸疑小說的人大力推薦一本非虛構作品，恐怕也難以得到他的共鳴。

事實上，啤酒的品牌不但多如繁星，而且味道也天差地遠。因為味道的變化太多，如果只能從中挑出一種最愛的啤酒或最適合當事人喝的啤酒，難度實在太高。

不過，還有很多人不知道啤酒的味道其實很多元化。所謂的味道多元化，意思就是啤酒不單有帶苦味的種類，還有喝起來甜甜的、口味偏酸的種類。這幾年開始流行起來的「精釀啤酒（Craft Beer）」也發揮了推波助瀾的效果，讓消費者打破以往對啤酒的刻板印象，慢慢認知到原來啤酒的味道不只一種。

雖然如此，似乎有不少人對精釀啤酒的印象不外乎是「味道很濃」，或者是「喝起來很有個性的味道」。詳情容我後述，但

總而言之，精釀啤酒並不是用來表現啤酒味道的用語。被稱為「精釀啤酒」的啤酒們，各有不同的滋味，很難用一句話總結「精釀啤酒就是這樣的味道」。

容我再強調一次，啤酒是一種味道非常多元化的酒類。不僅如此，其釀造方式和喝法也不只一種。本書的目標是讓讀者拋開對啤酒的刻板印象，知道啤酒不論是味道和喝法都很多元。我想，大家愈讀到後面，愈能理解為什麼我會說「你覺得最好喝的啤酒是哪一種？」這個問題會讓人頭痛了。

對我而言
意義最特別的啤酒

不過，就算被問「你覺得最好喝的啤酒是哪一種？」，我也不太可能真的回答「我無法告訴你哪款是第一名」吧。所以回答時，我會附加一些條件或前提，例如「就我這幾天喝過的啤酒來說……」「最近限量發售的某某啤酒很好喝呢」。當然，會這麼問我的人，想要聽到的並非客觀的評價，而是我個人主觀的意見。如果想聽我個人的意見，我會回答「對我而言意義最特別的啤酒」。

「對我而言意義最特別的啤酒」是由總公司位於埼玉縣川越市的 COEDO Brewery 出品的 COEDO 毬花 -Marihana-。我雖然列出了明確的商品名，不過就「意義最特別」的觀點來看，與其說是 COEDO 毬花 -Marihana- 這款特定的啤酒，毋寧說 COEDO Brewery 釀造的每一款啤酒，對我而言都是特殊的存在。

COEDO毬花-Marihana-（COEDO Brewery）

　　COEDO就是小江戶。小江戶是用來稱呼曾像江戶般繁榮一時的城鎮，或是與江戶擁有深厚淵源的城鎮名，而川越便是最具代表性的小江戶之一。小江戶遍布於日本各地，包括千葉縣香取市的佐原和栃木縣栃木市等。

　　我曾經住在川越市一帶一段時間。除了像觀光客一樣，悠閒地漫步在櫛比鱗次的倉庫建築群街區，以及參加已被聯合國科教文組織列為無形文化遺產的川越祭，我也深諳川越在日常生活中所表現的魅力。所以在愛上COEDO啤酒之前，川越就已經在我心中占據了重要的分量。

而COEDO啤酒就這樣逐漸融入，成為我在川越度過的時光的一部分。只要去街上的居酒屋喝酒，店裡一定會出現COEDO啤酒，很多賣吃的店家也會提供。除此之外，也有店家會以塑膠杯盛裝，讓客人外帶，可以邊喝邊散步。當體溫隨著走路而稍微上升，COEDO毬花-Marihana-的清爽香氣和清新的苦味，更讓人通體舒暢。

　　雖然現在已經搬離川越，但我還是很喜歡COEDO啤酒，經常飲用。每當酒液入喉，就會想起川越，「對我而言，這款啤酒的意義就是如此特別」。

「討厭啤酒」其實是
「討厭皮爾森啤酒」？

　　接下來，我將為各位介紹啤酒的多樣性。如前所述，啤酒的味道相當多元，除了大家熟悉的苦味，還有甜味和酸味等。換句話說，啤酒並沒有固定的味道，也沒有規定一定要是什麼樣的味道才能稱為啤酒。不過相對地，這樣的特色有時也可能造成困擾。

　　舉例而言，就像以前的我，抱著「好想來杯啤酒」的心情去買啤酒，結果喝起來的味道卻和預期有些出入。我想要的是適合暢飲、喝起來感覺很爽快的啤酒，但買到的啤酒卻帶有強烈的甜味。我想，有些平常對啤酒不是太注意的朋友，只因為覺得新鮮就買下從沒喝過的啤酒，結果發現味道不是自己想要的情況真的有可能發生。

有時候，我們可以從啤酒標籤的說明大致對啤酒的味道有個底，但是對啤酒沒有興趣的人，不會看得那麼仔細。其實很多人不知道，啤酒是有「類型（style）」之分的（或稱「啤酒類型」），大多數的酒標上都會標示，如

「皮爾森」「IPA」「小麥啤酒」「司陶特」等。只要能掌握這一點，就不會對啤酒的味道毫無頭緒。

有關啤酒的類型，我想再進一步說明。所謂的類型，大概也可以解釋成「種類」。各位可以想想「髮型」的意思，應該就容易理解多了。基本上，啤酒的類型是依照味道來區分的。

事實上，啤酒的類型超過100種。規定啤酒類型的團體在全世界不只一個，有些團體制定的類型超過150種，不過大體而言，每個團體對基本類型的認知幾乎沒有差別。除此之外，今後也會不斷產生新的類型，未來這個數字想必只會有增無減。總而言之，就目前能夠區分的種類而言，啤酒的味道就有100種以上。

那麼，聽到種類這兩個字，不曉得各位第一個想到的是什麼呢？有些人可能會想到Asahi Super Dry、Kirin一番搾生啤酒、SAPPORO黑標生啤酒、The PREMIUM MALTS等，但這些其實都是啤酒的品牌，而非類型。

Asahi Super Dry（朝日啤酒）

Kirin 一番搾生啤酒（麒麟啤酒）

SAPPORO 黑標生啤酒（三寶樂啤酒）

The PREMIUM MALTS（三得利啤酒）

若以類型而言，上述這些啤酒都屬於「皮爾森啤酒」。順帶一提，日本的啤酒大廠所製造的啤酒，大部分都屬於皮爾森啤酒。不過，這些啤酒都沒有特別標示出自己是皮爾森啤酒。我想這是基於消費者對大廠牌啤酒的味道，已經有了一定的共通認識才得以成立。

換言之，在100種以上的啤酒類型當中，幾乎所有人都只知道皮爾森啤酒。以麵包而言，大家應該都知道可頌、吐司、紅豆麵包等麵包種類吧；如果換成拉麵，我想大家也知道拉麵有醬油、鹽、味噌等種類。

但是說到啤酒，我想有很多人只知道皮爾森吧！說得準確一點，應該有人連有皮爾森這種類型都不知道。我當初之所以想提筆寫這本書，契機之一便是有感於天下啤酒種類何其多，可惜多數人只識得皮爾森，如果能讓大家知道更多的啤酒類型就好了。

說到拉麵，除了醬油、鹽、味噌，也有從豚骨拉麵衍生出來的魚貝豚骨等比較新型的拉麵。但假設有人除了醬油拉麵，完全不知道有其他拉麵的存在，各位應該也會覺得很可惜吧。

在知道拉麵種類很多的前提下，如果還是有人獨沽醬油一味，認為「還是醬油拉麵最棒」，那倒也無妨。不過能夠從繁多的種類中，配合當下的情況依照自己的喜好選擇，我覺得還是一件很幸福的事。

把話題轉回啤酒。

即使很容易被誤解，但 Asahi Super Dry、Kirin 一番搾生啤酒、SAPPORO 黑標生啤酒、The PREMIUM MALTS 都屬於同一種啤酒類型，所以一般人很難喝得出差異。當然，每間公司推出的產品各有特色，細細品嘗比較，還是能分出區別，但那也只

CANTILLON GEUZE
（康迪龍釀酒廠）

是在皮爾森啤酒這個類型中的差異。

就像醬油拉麵和味噌拉麵的差異只要吃一口就知道，皮爾森啤酒和代表性的酸味啤酒─蘭比克（Lambic）喝起來也明顯不一樣。即使是喝不出 Asahi Super Dry 和 Kirin 一番搾生啤酒哪裡不同的人，只要喝一口，應該也能夠分辨 Asahi Super Dry 和 CANTILLON GEUZE（蘭比克啤酒最具代表性的品牌）的差異。所以，宣稱「我討厭啤酒」的人，說不定只是討厭皮爾森啤酒，還是有可能喜歡上其他類型的啤酒。

有些人或許因為啤酒帶苦味所以敬而遠之，抑或是心中對啤酒已有定見，但只要知道啤酒的選擇竟是如此豐富，相信就能打開通往啤酒極樂世界的大門。

釀造方法的多樣性

那麼，啤酒味道的多元性究竟是拜什麼所賜呢？最主要的答案就是啤酒的釀造方法。不曉得各位是否思考過啤酒是如何製造

的？詳情容我後述，首先就讓我先簡單為各位說明啤酒的製作方法。

　　啤酒是一種發酵食品。所謂的發酵食品，就是利用微生物來改變食材風味的食品。用黃豆發酵製成的食品包括醬油、味噌、納豆等；以小麥發酵而成的食品有麵包；牛奶發酵後可以製成優格。啤酒以大麥的麥芽（malt）為主要原料，添加水、啤酒花等副原料後，讓酵母把一部分成分轉換為酒精和二氧化碳。

大麥。讓收成的種子發芽（以麥芽的型態），其中的糖化酵素便會活性化，把澱粉分解為糖。

啤酒花。啤酒獨特的香氣和苦味的來源。除了抑制雜菌繁殖，也有助發泡和使泡沫不易破碎的效果。

問題在於，每一種微生物的作用不一樣。微生物的種類很多，能夠用於製造啤酒的只有會讓酒精發酵的酵母。而且在有能力讓酒精發酵的酵母當中，還可再細分成兩大類適合製造啤酒的酵母，分別是拉格酵母（下層面發酵酵母）和艾爾酵母（上層發酵酵母）。啤酒的類型就是依照使用的酵母種類，看是拉格酵母或艾爾酵母而區分。

拉格酵母釀造出的啤酒，特徵是香氣不強烈，味道清爽。前述的皮爾森啤酒也是使用拉格酵母釀造的啤酒類型。不過，並不是只要使用拉格酵母發酵，釀出來的都是口感清爽的啤酒；香氣的濃郁度可依照啤酒花的用法增強，如果想釀出酒精度數高、口感厚實的拉格啤酒也不是問題。

艾爾酵母釀出來的啤酒，則帶有果香。如同本書開頭介紹的YONA YONA ALE，如果商品名標示著「ALE」，表示這是以艾爾酵母釀造的啤酒。YONA YONA ALE的特色是帶有果香，這也是源自於艾爾酵母的特徵。

另外，不論是拉格酵母還是艾爾酵母，其實都可以再細分成幾個種類。例如Asahi Super Dry使用的是Asahi獨家的318號酵母，也是拉格酵母的一種；另外，朝日啤酒也擁有111號酵母和787號酵母等數百種酵母，也曾經利用不同酵母的特色，釀製限定販售的酒款。當然，其他啤酒大廠也在酵母的研究上投入大量心力，使用獨家的酵母製造啤酒。

酵母在製造酒精和二氧化碳時，不可或缺的就是糖。釀造啤酒使用的糖，是由麥芽裡的澱粉變化而成，而麥芽本身也有好幾個種類。麥芽在成為啤酒的原料前，必須經過烘焙乾燥、乾煎的過程，而麥芽的顏色則因烘焙乾燥、乾煎的時間和火力而異。麥

芽的顏色很多，從淺色到漆黑都有，麥芽的顏色又會左右釀好的啤酒顏色。

　　舉例而言，皮爾森啤酒經常使用顏色較淺的麥芽。相反地，如果要釀造黑啤酒，就會添加稱為烘烤麥芽（Roasted Malt）的黑麥芽。只需少量，啤酒的顏色就會變成黑色。另外，也可以做為調味之用，替啤酒增添咖啡和巧克力般的風味。

　　此外，替啤酒增添香氣和苦味的則是啤酒花。啤酒花是一種蔓性植物，用於釀造啤酒的僅有像花又像果實的球花部分※。把啤酒花放入加了碾碎的麥芽和水的麥汁，會讓麥汁吸附啤酒花的苦味和香氣。尤其是香氣，會因啤酒花的品種產生極大的差異；包括柳橙和葡萄柚等柑橘類、葡萄、芒果、紅茶等香氣，都可以透過啤酒花的添加來表現。

　　另外，除了添加水果和香料等副原料，水的硬度也會改變啤酒的滋味和顏色。總而言之，啤酒的多樣性，便是建立在上述原料形成的無數組合。

▌▌喝法的多樣性

　　說到啤酒，或許很多人的第一印象是拿起冰鎮過的啤酒杯，咕嘟咕嘟地大口暢飲，但是把啤酒冰過再喝，不過只是眾多喝法的其中之一，並不是唯一。

　　前面已經提過，有些啤酒會以水果和香料當作副原料，其實，有些啤酒很適合直接加入水果和香料。例如 Blue Moon

※ 也稱球果。整體被雌花根部長出的葉片所包覆。

Blue Moon BELGIAN WHITE
（Blue Moon Brewing）

BELGIAN WHITE，便是一款標榜要搭配柳橙切片才算完整的啤酒。

Blue Moon BELGIAN WHITE 是美國 Blue Moon Brewing 出品的啤酒，現在已成為 Molson Coors 公司旗下的品牌之一。這款啤酒原本是在科羅拉多州丹佛的庫爾斯球場內的釀酒廠所釀造。對棒球有興趣的朋友或許知道，庫爾斯球場是科羅拉多洛磯隊的主場；1996年，當時隸屬於洛杉磯道奇隊的野茂英雄，便是在此球場投出一場無安打比賽。

另外值得一提的是，啤酒雖然是在美國生產，但BELGIAN WHITE 這個類型的啤酒，卻是源自比利時。就像這款 Blue Moon BELGIAN WHITE 一樣，只要把類型名稱放進商品名，消費者就能想像出這款啤酒大概是什麼味道。BELGIAN WHITE 是一種以小麥為主原料，但常常使用橘皮和芫荽當作副原料的啤酒。換句話說，這款啤酒搭配柳橙，喝起來應該很對味。

Blue Moon BELGIAN WHITE 也添加了橘皮，飲用時如果搭配柳橙切片，就能喝到更明顯的柑橘味。

除了添加水果，也有加果汁等軟性飲料的喝法。德國一種名

為單車客啤酒（Radler）的飲品，便是果汁混搭啤酒的例子之一。做法很簡單，只要以1：1的比例混入皮爾森啤酒和檸檬汁就完成了。雖然配方很單純，是一款人人都能輕鬆調製的雞尾酒，不過有些德國的釀酒廠也推出單車客啤酒，當作商品販售。

Radler的原意是「騎單車」，據說這款啤酒飽受單車客的歡迎，所以這個字才會成為檸檬啤酒的代名詞。不過要提醒大家的是，喝酒騎車是違法的事，請各位不要以身試法。

另外，啤酒也可以加熱再喝。不過，不是每一款啤酒都適合加熱，例如皮爾森啤酒就不太適合。最好選擇香氣更濃、滋味更醇厚的啤酒，比較合適。

例如位於神奈川縣厚木市的Sankt Gallen釀造所出品的蘋果肉桂艾爾。這款啤酒以蘋果和肉桂當作副原料，直接品嘗也喝得到蘋果和肉桂的香氣，但熱飲也別有另一番滋味。做法很簡單，首先把啤酒倒入耐熱容器，再放入蘋果切片和肉桂，微波加熱約2分鐘，就可以享用美味的熱啤酒了。

除此之外，比利時的Liefmans釀酒廠也釀造了一款以櫻桃和香

蘋果肉桂艾爾（Sankt Gallen）

料為副原料、專為熱飲設計的啤酒，名為 Liefmans GLUHKRIEX。Glühwein（熱紅酒）在歐洲的耶誕市集是人手一杯的飲品，而 GLUHKRIEX 應該可算是它的啤酒版吧。加熱到 60 度左右，香氣會變得更加濃郁。

另外，有些啤酒也適用長期熟成的釀造方式。將啤酒存放在地窖等處使其熟成，味道會變得纖細、繁複而圓潤。不過，當然不是每款啤酒都適合

Liefmans GLUHKRIEX
（Liefmans 釀酒廠）

熟成，大廠牌的啤酒反而要趁早喝，才能享受到啤酒的美味。

能夠長期熟成的啤酒，基本上僅限於能夠在瓶內二次發酵的啤酒。有些啤酒能夠熟成的時間是 5 年、10 年，甚至是 20 年。當然，長期熟成的前提是適當的溫度管理。品嘗比較熟成年份不同的同一款啤酒，也是喝啤酒的樂趣之一吧！價格比較平易近人的熟成啤酒包括比利時斯庫蒙修道院釀造的 CHIMAY Blue。CHIMAY 另外也推出了 CHIMAY Red、CHIMAY White、CHIMAY Gold，不過只有 CHIMAY Blue 在貼標標示了釀造的年份。

品嘗啤酒並不是只有單一的方式。就像葡萄酒和威士忌也有

各種喝法，請各位務必多加嘗試，並從中找出喜歡的方式。或許你會因此發現啤酒前所未有的魅力，還有發掘出新的樂趣。

CHIMAY Blue（斯庫蒙修道院）

CHIMAY Red（斯庫蒙修道院）

CHIMAY White（斯庫蒙修道院）

CHIMAY Gold（斯庫蒙修道院）

第 **2** 章

沒有人真正知道何謂「精釀啤酒」

精釀啤酒的定義
在日本尚未確立

　　第1章的主軸，是希望各位盡可能拋開以往對啤酒的刻板印象。如果各位能夠稍微理解啤酒的喝法不只有冰鎮後再喝，也不是每一種啤酒都適合大口暢飲，那我就覺得很欣慰了。

　　啤酒的釀造方式和喝法都很多樣化，味道類型多達150種以上。其中較具代表性的包括皮爾森、IPA、小麥啤酒、司陶特等。在介紹這些啤酒之前，我必須先向各位說明另一件事。

　　那就是精釀啤酒（Craft Beer）。

　　這幾年，愈來愈常聽到精釀啤酒一詞，但是若被問到什麼是精釀啤酒，我想多數人都沒有明確的答案。就算答得出來，也不知道答案是否正確。

　　《大辭泉數位版》對「精釀啤酒」的定義是：

等同於「在地啤酒」。

　　於是，我接著查閱有關「在地啤酒」的說明。

上面寫著「在當地釀造的啤酒」。精釀啤酒。

　　但是這樣的解釋不夠清楚。

　　現代用語事典的網路版《知惠藏》有比較詳細的解釋。其內容摘錄如下。

在特定的地區，已被視為限定生產的地區、店鋪的固有品牌啤酒，也稱為「在地啤酒」。製造者為小規模的公司，他們以具有特徵的獨家方式釀造啤酒，色澤和味道大多各具特色。美國對精釀啤酒的定義是必須使用100%的麥芽，並以傳統的製法釀造，但日本尚未嚴格定義。

這裡的重點是「日本尚未嚴格定義」。如《知惠藏》記載的，日本對精釀啤酒尚未做出精確的定義。只是因為精釀啤酒一詞逐漸被大眾所知，所以在定義與共通認知都尚未確立的情況下，這個詞彙就開始被使用了。

結果造成有些人對精釀啤酒的看法帶著先入為主的觀念或刻板印象。例如「精釀啤酒的味道很獨特，不是每個人都能接受」「大廠生產的啤酒不能叫做精釀啤酒」等。

當然，這些想法的出現反映了精釀啤酒的知名度和人氣，其中也有人開始想為精釀啤酒賦予更明確的定義。

舉例而言，雖然《知惠藏》的記載是「日本尚未嚴格定義」，其實日本全國在地啤酒釀造業者協議會（JBA），已對精釀啤酒下了明確的定義。就我所知，日本的業界團體和企業中，公開聲明這個定義的只有JBA。以下請容我引用該協議會的網站（http://www.beer.gr.jp/local_beer/）內容。

（前略）因此，全國在地啤酒釀造業者協議會（JBA）將「精釀啤酒」（在地啤酒）賦予以下定義。

1. 酒稅法修訂（1994年4月）以前，從大資本大量生產的啤酒轉為獨立釀造。
2. 1次的備料單位（麥汁的製造量）低於20,000公升的小規模釀造，且在釀造者親自監督下進行。
3. 採用傳統的製法生產，或者以當地的特產等為原料所製造的充滿獨特性的啤酒，且產品已在當地深植人心。

　　簡單來說，就是「大型啤酒公司以外的小規模釀酒廠所生產的傳統或帶有獨特個性的啤酒」。我想這樣的觀點和啤酒迷等一般消費者對精釀啤酒的共同認知幾乎沒有出入。

　　但是，為什麼會有「酒稅法修訂（1994年4月）以前，從大資本大量生產的啤酒轉為獨立釀造」的堅持呢？

　　舉例而言，第1章介紹的Yo-Ho Brewing是星野度假村集團的子公司，它從2014年開始和麒麟啤酒展開業務和資本上的合作，並且委託麒麟啤酒製造一部分的產品。

　　換句話說，如果按照JBA的定義，Yo-Ho Brewing的啤酒就不能算是精釀啤酒。但是，Yo-Ho Brewing把自己公司的產品定位成精釀啤酒，事實上，YONA YONA ALE的罐身也標示著精釀啤酒的字樣。而且，在一般消費者的認知中，Yo-Ho Brewing的啤酒也被當作精釀啤酒。

　　如同上述，精釀啤酒一詞的定義和消費者一般的認知有些出入。就這個意義而言，我個人不是很想動不動使用精釀啤酒一

詞，但我想從另一個角度來看，正因為出現了精釀啤酒一詞，小規模的釀酒廠才開始受到關注。

因此，精釀啤酒一詞也算是功過參半。但無論如何，希望各位記住一個重點：精釀啤酒一詞並不是用來表現啤酒的味道。精釀啤酒也有各式各樣的味道；即使有人說「精釀啤酒的味道很獨特，不是每個人都能接受」，我也只能說這個說法並不正確。另外，不像皮爾森啤酒，精釀啤酒並不是一種啤酒的類型。

精釀啤酒一詞使用起來很方便（也有人認為定義應該更加明確、清楚，以免濫用）。以消費者的立場來說，我希望儘量不要有人被精釀啤酒一詞誤導，產生錯誤認知。我想，自己覺得現在正在喝的啤酒好不好喝最重要，至於喝的是不是精釀啤酒反倒是其次了。

另外，本書姑且把精釀啤酒定義為「大型啤酒公司以外的小規模釀酒廠所生產的傳統或帶有獨特個性的啤酒」，但我必須聲明一點，有時候根據文章的脈絡，我也不會將大廠生產的啤酒排除在外。

‖ 那麼，什麼是在地啤酒呢？

我想和精釀啤酒一詞一樣，應該也有不少人很好奇在地啤酒是什麼吧？根據字典的定義，精釀啤酒就是在地啤酒。所以我能夠理解有些人會直接把兩者劃上等號。其實，我個人覺得把在地啤酒當作精釀啤酒也沒有什麼不妥。

SCULPIN IPA
（BALLAST）

　前述在提到精釀啤酒的定義時，我引用了全國在地啤酒釀造業者協議會（JBA）的說法。他們也開宗明義地寫著「將『精釀啤酒』」（在地啤酒）賦予以下的定義」。另外，日本在地啤酒協會也在名稱中同時標記出「Craft Beer Association（日本在地啤酒協會）」。

　按照這個脈絡思考的話，在地啤酒＝精釀啤酒的認知看似沒有問題，但是有些在美國被視為精釀啤酒的啤酒，例如由位於聖地牙哥的BALLAST釀酒廠出品的SCULPIN IPA，我不禁要懷疑它是否也能叫做在地啤酒。

　因為BALLAST在2015年已經被酒業龍頭—星座公司收購，所以有人認為就嚴格的標準而言，即使在美國，它也不能算是精釀啤酒，但如果是在日本，基本上它還是被視為美國的精釀啤酒。反過來，如果說它也是在地啤酒之一，恐怕很多人都無法苟同吧。

　由此可見，在地啤酒＝精釀啤酒的認知適用於日本釀酒廠所製造的啤酒，但我認為，把這個認知套用在海外生產的啤酒就行不通了。

　那麼，接下來我將從在地啤酒的誕生，簡單說明到底什麼是日本的在地啤酒。

　1980年代以後，日本政府以經濟成長為優先，撤廢了對經濟市場的規制，其中一個措施便是1994年修訂了酒稅法。在酒

稅法修訂之前，啤酒等酒類的年度最低製造量若未達到2百萬公升，便無法取得酒製造業許可執照，修訂後放寬至6萬公升。1公升差不多相當於3罐啤酒，所以2百萬公升相當於6百萬罐的罐裝啤酒（6萬公升相當於18萬罐啤酒）。平均一天必須生產約1萬6千罐的啤酒，不單就釀造而言，對銷售來說也是很驚人的數量。但是酒稅法修訂後，1天的釀造量只要達5百罐就達標了。

那麼，日本政府為什麼會放寬啤酒釀造的限制呢？我認為在神奈川縣厚木市經營Sankt Gallen釀酒廠的岩本伸久先生的作為，發揮了很大的影響力。

岩本先生與他的父親在美國喝過香氣馥郁的啤酒之後，便一直自行摸索著能否在日本重現當時的滋味。但是在1994年以前，年度製造量未達2百萬公升的小規模釀造所無法取得酒製造業許可執照，於是岩本先生轉移陣地，改在允許小規模釀造的美國製造啤酒，再進口到日本。這件事也被美國媒體用來當作介紹日本法規的案例，加快了日本政府對法規的鬆綁。

隨著酒稅法的修訂，小規模釀酒廠也能取得製酒許可執照。之後，小規模的釀造所逐漸興起，到了1998年，數量已突破了3百間。這就是所謂的在地啤酒風潮。

YOKOHAMA XPA（Sankt Gallen）

皮爾森啤酒（越後啤酒）
※日本第1支在地啤酒

1970 年代以後，日本興起了一股「地酒風潮」。所謂的地酒，指的是每個地區在當地製造的酒。隨著 1994 年酒稅法的修訂，啤酒釀造所如雨後春筍般在日本各地成立，因此延續地酒的概念，也出現了在地啤酒（地啤酒）一詞。

這股在地啤酒的風潮在 1998 年達到了高峰。在全盛時期多達 3 百間以上的釀造所，到了 2003 年減少到剩下約 2 百間。換句話說，當年的地酒風潮，只短短持續了幾年便煙消雲散。

在地啤酒的榮景僅維持短短幾年便消失的原因，我認為大致可分為兩項。

第一是價格過高。1995 年前後，以一罐 350 毫升的啤酒來說，由大廠出品的商業啤酒訂價大約是 220 日圓左右，但超過 5 百日圓的在地啤酒比比皆是，甚至還有超過 8 百、9 百日圓的。

對照現在被稱為精釀啤酒的啤酒，雖然價格還是普遍超過商業啤酒，卻還是有幾款照樣搶手，人氣高居不下。至於說到現在的在地啤酒和當時有何不同，我想大概在於品質的落差。

在地啤酒的風潮之所以無以為繼，另一個理由或許是啤酒的品質良莠不齊。因為法規鬆綁，其他業種也積極地加入這個市場；另外，也有些打著「振興地方」為名，隨意釀製的啤酒。這

些啤酒的品質不穩定，和大廠的啤酒一比，只會讓消費者留下「貴又不好喝」的印象。

雖然不是所有在地啤酒都是如此，但負面印象已深植消費者心中，於是在地啤酒也跟著式微了。

不過，品質不佳的釀造所固然被市場淘汰了，但Yo-Ho Brewing、常陸野貓頭鷹啤酒的木內酒造、越後啤酒等品質有保證的釀酒廠，至今仍在市場上屹立不搖，同時也被視為精釀啤酒的行家而備受好評。

如同前述，在地啤酒的風潮在2000年左右劃下休止符；2010年之後取而代之的是精釀啤酒，不過我認為這兩大風潮還有一項根本性的差異。

就是對多樣性的認知。

不僅限於啤酒等商品，目前已經進入全面性追求多樣化的時代。包括工作方式的多樣性、生物多樣性等，這些也稱為價值觀的多樣性。換言之，我認為大家已經建立起啤酒如果有多樣性也不錯的價值觀，但反觀在地啤酒流行的時候，我認為消費者尚未培養出多樣性的價值觀。

換句話說，如同我在第1章也提過的對啤酒的刻板印象，在掀起在地啤酒風潮的時候普遍存在於消費者的心中。我想，隨著精釀啤酒風潮的到來，這份刻板印象也逐漸被打破了吧。

「在地啤酒等^{※1}」的銷售量變化

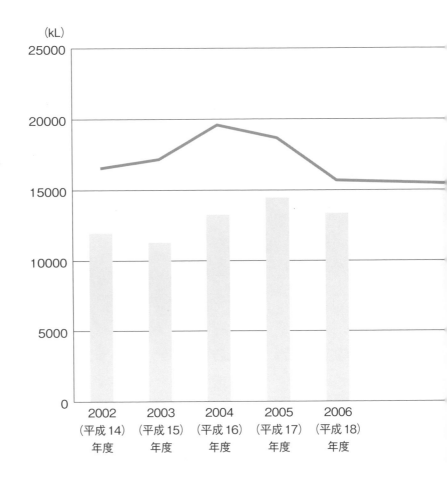

以日本國稅廳「在地啤酒等製造業的概況」為基礎所製作的圖表。透過圖表可看出2007年以後，中小型釀酒廠的銷售量不斷增加。

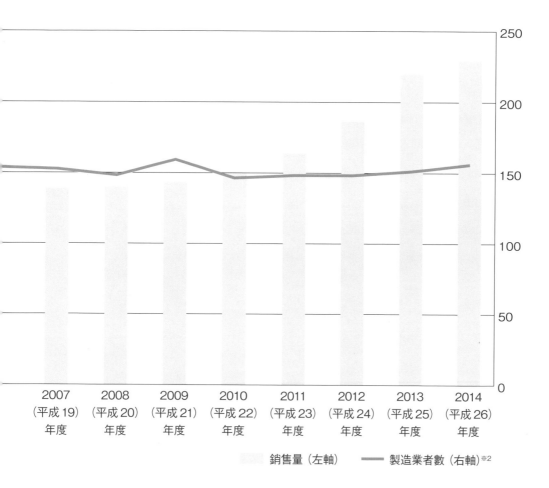

| | 2007
（平成19）
年度 | 2008
（平成20）
年度 | 2009
（平成21）
年度 | 2010
（平成22）
年度 | 2011
（平成23）
年度 | 2012
（平成24）
年度 | 2013
（平成25）
年度 | 2014
（平成26）
年度 |

銷售量（左軸）　　製造業者數（右軸）※2

※1　朝日啤酒、Orion、麒麟麥酒、三寶樂啤酒、三得利等大廠，以及擁有實驗
　　製造許可者以外的業者生產的啤酒。
※2　這是透過日本國稅廳的調查所得到的業者數量的回覆，所以和實際的製造
　　業者數可能有出入。回覆率從79.3%提升到92.1%。

美國對精釀啤酒的定義

前面介紹了日本的精釀啤酒以及在地啤酒，接下來也順便介紹美國對精釀啤酒的定義吧。

或許有些人會好奇為何要特別介紹美國對精釀啤酒的定義？因為說到啤酒，或許有人馬上想到比利時和德國等啤酒大國，但是，第一個對精釀啤酒做出明確定義的，正是美國釀酒師協會（Brewers Association）的創辦人查理・帕帕齊安（Charlie Papazian）。

美國的布魯克林釀酒廠的共同創業者史蒂夫・欣迪（Steve Hindy）在《精釀啤酒革命》一書曾這麼寫道。

> 帕帕齊安在《新釀酒師》雜誌1987年3～4月號執筆了標題為〈名字是什麼〉的專欄。在這篇文章中，我第一次看到了他對現存的各種釀酒廠所下的定義和分類，這是「精釀啤酒釀酒廠」與其他釀酒廠做出區別的首度嘗試。[※]

換言之，1987年以前就已經出現精釀啤酒、精釀啤酒釀造所等詞彙，只是直到1987年才有人做出明確的定義。

順帶一提，根據釀酒師協會的資訊，1987年的美國共有150間釀酒廠。但到了2017年，釀酒廠的數量已經成長到6372間（當中有6266間是精釀啤酒廠）。日本的釀酒廠號稱約有3百間，兩者的差異大約是20倍以上。美國的釀酒廠數量不但穩居

※出處：史蒂夫・欣迪/著、和田侑子/譯《精釀啤酒革命》（Disk union，p.79～80，2015年）

世界第一，也遙遙領先世界各國。位居第二名的英國是2250間，第三名的德國則是1408間（根據2016年的統計）。

　　精釀啤酒一詞源自於美國，而且釀酒廠的數量也是全世界最多，因此美國已經成為全世界備受矚目的啤酒大國。

　　但是說到釀酒師協會對精釀啤酒的定義，令人訝異的是，該協會並沒有定義何謂精釀啤酒。不過，他們倒是對精釀啤酒廠做出了以下的定義（節錄）：

Small（小規模型）
年度生產量不超過6百萬桶（約7億公升）。

Independent（獨立型）
非精釀釀酒廠的酒類製造業的資本不超過25%。

Traditional（傳統型）
大部分釀造而成的啤酒以傳統或創新的原料、釀造方法釀造。

　　以下簡單說明其內容。

　　首先是「Small」，釀酒師協會明確標示出具體的數字。7億公升這個數字，其實幾乎相當於日本啤酒大廠—札幌啤酒的年度生產量6億7千2百59萬6千公升（時間點是2016年12月。包括啤酒、發泡酒、新類型酒等）。

　　當然，美國的啤酒年度消費量是日本的4.5倍左右，所以兩者無法這樣進行比較。但7億公升實在很難稱得上是「Small」，

所以如果把美國的標準直接套用在日本會過於勉強。

其次是「Independent」，簡單來說，就是排除啤酒大廠本身，或啤酒大廠和其他酒類製造業出資比例高的釀酒廠。不過以日本而言，除了有些像常陸野貓頭鷹啤酒、湘南啤酒等由日本酒酒藏打造的啤酒品牌，另外像前述的 Yo-Ho Brewing，也有33.4%的資本來自麒麟啤酒。

在日本消費者的認知中，上述釀酒廠都屬於精釀啤酒廠，但如果對照美國的定義，它們就不算是精釀啤酒廠了。

最後是「Traditional」，其定義或許也適用於現在的日本。不過，節稅型的發泡酒和「新類型酒（New Genre）」，製法異於傳統製法，所以當然也不能列入精釀啤酒廠的商品。

容我再提醒各位一次，現在我說的是精釀啤酒廠的定義，而非精釀啤酒。美國的釀酒師協會沒有針對精釀啤酒做出明確的定義，但有提出「幾個想法」。其中包括「一般都是以大麥麥芽等傳統原料釀造，但為了表現其獨特性，有時候也會使用非傳統原料」。

總而言之，創出精釀啤酒一詞的美國所下的定義，無法直接套入日本的現況。

難以適用的原因之一在於在地啤酒和精釀啤酒的起源完全不同。在地啤酒是日本1994年的酒稅法修訂下的產物，而精釀啤酒則是在1980年代誕生於美國，之後再發揚光大到日本等全世界各地。

因此，我前面雖然寫著「基本上，把在地啤酒當作精釀啤酒也沒有什麼不妥」，但如果各位能夠了解兩者的誕生背景各有不同，而且在日本有時很難做出明確的定義就更理想了。

精釀啤酒
誕生於美國的理由

　　前面已經提過在地啤酒在日本興起的緣由，接著就來談談精釀啤酒在美國誕生的背景吧。精釀啤酒之所以能夠在美國興起並不斷發展，我想大致可分為 3 個理由。

　　要說明第一個理由，首先得把時間追溯到 1965 年。這一年，位於舊金山的海錨釀酒廠（Anchor Brewing）因為經營不善，最後被一個名叫弗里茲・美泰克（Fritz Maytag）的人買下。

　　海錨釀酒廠的創業者是一位在 1849 年抱著淘金夢，從德國來到舊金山的釀酒師。這位德國人成立的釀酒廠，在 1896 年的

ANCHOR STEAM BEER（Anchor Brewing）

名稱是海錨釀酒廠，後來歷經幾次的經營危機，最後在1965年被美泰克買下。

那時候的美國，一般大眾喝的都是口味千篇一律、味道清淡的大廠啤酒。然而美泰克在1971年推出的ANCHOR STEAM BEER，卻是一款集清爽口感與濃郁香氣於一身的產品。所謂的STEAM BEER（蒸氣啤酒），是讓原本適合在低溫發酵的拉格酵母，在溫暖的加州成功發酵釀造的啤酒〔STEAM BEER已成為Anchor Brewing的註冊商標，以同樣製法生產的啤酒稱為加州日常啤酒（California Common Beer）〕。在淘金時代大行其道的蒸氣啤酒，歷經了1920～1933年實行的禁酒令時代後式微，除了海錨釀酒廠，幾乎沒有其他釀酒廠生產了。

直到海錨釀酒廠被美泰克買下，讓蒸氣啤酒得以重現江湖。蒸氣啤酒的復活和當時的啤酒形成了一種對比，也稱得上是美國精釀啤酒的轉捩點。之後，小規模的釀酒廠開始慢慢出現。

第二個理由，是1972年產於美國的啤酒花品種—Cascade開始銷售。啤酒花提供了啤酒的苦味和香氣，但每種品種的特徵各不相同。美國的精釀啤酒現在之所以備受世界各地歡迎，是因為來自美國本土的啤酒花具備的特殊風味，而在眾多美國產的啤酒花中，Cascade是堪稱為始祖的代表性品種。

Cascade的特徵是

啤酒花的球花　　　照片：Michael Styne

Anchor Liberty Ale
（Anchor Brewing）

Sierra Nevada Pale Ale
（Sierra Nevada Brewing）

帶有柑橘類的香氣，如果用於釀造啤酒，可以替啤酒增添一股有
如葡萄柚等柑橘類水果的香氣。海錨釀酒廠在1975年推出了選
用 Cascade 的 Anchor Liberty Ale；1980 年，Sierra Nevada
Brewing 推出 Sierra Nevada Pale Ale。這兩者都是以柑橘類香氣
為主打的啤酒，堪稱美式啤酒的始祖。如同上述，這些使用美國
產啤酒花的啤酒，成為美式精釀啤酒的代表，也逐漸擄獲全世界
啤酒迷的心。

　　第三個理由是美國在1979年解除了自家釀造（Home
Brewing）的禁令。

　　儘管釀造量還是受到限制，但美國鬆綁了禁酒令，規定只要
是在自家飲用就可以在家裡自行釀造。因為自家釀造的合法化，

把釀啤酒當作興趣的人愈來愈多了。如此一來，既然在家裡就能釀出美味的啤酒，所以也會有人考慮以釀啤酒為業，而不是單純當作興趣。

自家釀酒雖然已經合法，但是帶動自家釀酒風氣的人，是釀酒師協會的創辦者查理‧帕帕齊安。於是，在這樣的背景下，精釀啤酒在美國誕生了，也逐漸推廣到全世界。

順帶一提，日本尚未開放自家釀酒。不僅限於啤酒，只要在自家釀造酒精度數超過1%的酒類都屬違法。所以很可惜還無法在家裡享受自行釀造啤酒的樂趣，但如果自家釀酒哪一天在日本也合法化了，我想對啤酒感興趣的人和打算開一間釀造所的人都會增加，到時候，啤酒對我們而言，就會成為更加熟悉的存在。

比起精釀啤酒的定義，啤酒的類型更重要

前面已經針對精釀啤酒和在地啤酒做了介紹。但希望各位尤其要注意以下兩點：

· 不論是精釀啤酒還是在地啤酒，都不是代表單一口味的用語。
· 精釀啤酒沒有明確的定義。

就我個人的意見而言，我覺得不必刻意使用精釀啤酒還是在地啤酒，通通用「啤酒」就行了。因釀酒廠的規模改變評價，或

者替精釀啤酒做出明確的定義，都不是針對啤酒的本質進行討論。與其在意這些，我認為感覺自己現在手上拿的這杯啤酒是否好喝、是否對自己有特殊意義，以及是不是自己現在正想喝的啤酒，才是更重要的。

話雖如此，面對味道如此多元的各式啤酒，若一視同仁地把它們全部當作「啤酒」，或許有人會覺得也太過一般化了。

不過，請大家想想麵包的情況。

不論到超市還是超商，貨架上大部分陳列的是大廠的麵包。但有些超市也會附設麵包部，出售現烤麵包。當然，街上也有許多備受當地居民喜愛、由個人經營的小麵包店。

不論是大廠還是小店，他們製造的都是「麵包」，絕對不會有哪間小麵包店做的麵包稱被稱為「精品麵包」或「○○麵包」（頂多可能被稱為「手工麵包」）。總而言之，把所有的麵包一律稱為「麵包」，我相信應該沒有消費者會提出異議吧。

原因很簡單。因為麵包的種類很多，而且消費者也大概知道每一種麵包的特徵。像是吐司、可頌、棍子麵包、咖哩麵包等，只要一聽到麵包的名稱，大多數的人都想像得到它的外型和味道。

不論是大廠製造的麵包或小店烘焙的麵包，大家可依照場合和心情自由選擇，對消費者而言無疑是一大福音。同時，大家也覺得沒有必要專為「手工麵包」制定明確的定義。

雖然我有時會想，如果啤酒和可頌、紅豆麵包等麵包一樣，只要說到種類，大家就知道是什麼，那就表示皮爾森啤酒、司陶特啤酒、IPA 的認知度已經大幅提升了。

可頌麵包　　紅豆麵包　　棍子麵包

麵包的種類
啤酒的類型

皮爾森啤酒

司陶特

IPA

　　我們也可以依照場合和心情，挑選大廠或小型釀酒廠的啤酒。想想有那麼多選擇就近在身邊，各位不覺得自己口福不淺嗎？

　　不過，啤酒畢竟是酒精飲料，小朋友無緣享用，所以啤酒登場的機會還是少於麵包。再加上自家釀酒在日本尚未合法，以及稅金的問題尚待解決。基於上述原因，啤酒給我們的親近感很難超越麵包，但我認為，如果大家對啤酒的種類，也就是類型有更多的認識，你以往對啤酒的認知一定會就此改變，變得更加廣闊。

　　精釀啤酒一詞，用於溝通上很方便。雖然還沒有精確的定義，不過大家對它的意思起碼具備一定程度的共識，重點是我還是要再提醒各位，它不是用來表現啤酒味道的用詞。

　　那麼，相較於吐司、可頌、棍子麵包等麵包種類，啤酒的類型又有哪些呢？雖然我也迫不及待地想把各種類型的特徵介紹給各位，不過在這之前，我還是先簡單說明啤酒的歷史與其釀造方法吧。因為啤酒的類型與上述兩者的關係十分緊密，即使只掌握個大概，我相信也有助於各位對啤酒類型的認識。

第 3 章

不能不知的啤酒歷史
與釀造方法

從古代到中世紀的啤酒

啤酒是歷史悠久的酒類，首先我從古代的啤酒談起吧。當然，古代的啤酒味道和現在完全不同，釀造的方式也不一樣。

目前最古老的啤酒可追溯到西元前3千年的美索不達米亞。已出土的釀酒紀念碑（Monument Bleu）據說是現存最古老與啤酒有關的紀錄。只是透過這項古老的紀錄，我們還是無法確認啤酒的製作始於何時。

另有紀錄顯示古埃及人也會釀造啤酒。金字塔內的壁畫中，也出現看似製造啤酒的場景；而且，據說建設金字塔的工人們，也喝得到配給的啤酒。那時的啤酒質地混濁，也不會發泡，似乎帶有強烈的酸味。啤酒被視為有滋養強身的效果，在當時算是一種養身的健康飲料。

透過研究得知，這些古代啤酒的做法是把麥子做成麵包，再把麵包磨碎浸泡在水裡，經自然發酵而成。啤酒在古代原本

正在製作啤酒的埃及木雕。年代為西元前1891～1975年。收藏於大都會藝術博物館。

只是偶然下的產物，但古埃及卻不斷發展製作啤酒的技術，甚至建立了啤酒釀造所。

另一方面，以希臘、羅馬為發展中心時期的歐洲，則以葡萄酒為酒類首選，理由是這個地區很適合栽培用來釀酒的葡萄。具體來說，就是介於北緯30度～50度之間的區域，俗稱酒帶（Wine Belt），相當於現在的法國、義大利、德國、西班牙一帶。

居住在更北的日耳曼人和塞爾特人，則是用麥來釀造啤酒。因為他們居住的地方不在酒帶，不適合栽種葡萄，只能以麥子釀酒。之後，隨著塞爾特人的大遷徙，啤酒也逐漸在歐洲普及。

不過，釀造啤酒的風氣在歐洲盛行始於中世紀初期。以修道院為主形成的社區，是當時歐洲的社會基盤，所以啤酒都是在修道院內製造。這些在修道院製造的啤酒，也像古埃及的啤酒一樣，帶有滋養補身的意義。此外，對確保飲水衛生不易的歐洲而言，製造上必須經過煮沸的啤酒，是可以取代水的衛生飲料。另外，在8世紀統治了大部分歐洲，下令各地莊園建造啤酒釀造所的查理曼大帝對啤酒

號稱從11世紀開始釀造啤酒的斯庫蒙修道院。照片攝於現代。

照片：Jean-Pol GRANDMONT

的普及也扮演了很重要的角色。

此外，這個時期的啤酒，添加了被稱為Gruit的香草類混合物，相當於現在啤酒使用的啤酒花。雖然不是很確定啤酒花從何時開始用於釀造啤酒，但其清爽的香味和苦味受到喜愛，還可發揮防腐的效果，所以從9世紀就慢慢有人開始使用。據說到了15世紀，當時已經完全以啤酒花取代以往的Gruit。

到了15世紀，啤酒的釀造方式產生新變化。

原本適合釀造啤酒的時期是9月到翌年3月。缺乏冷藏設備的時代無法進行溫度管理，難以解決啤酒到了夏季容易腐壞的問題。麻煩的是，如果氣溫過低也無法發酵。

但是，這時已經找出解決辦法，即使在低溫的環境下，發酵也能照常進行。方法就是把啤酒貯存在洞穴等處。因此，拉格啤酒的名稱就是來自於意味著「貯存」的「拉格（Lager）」。和以往製造的艾爾啤酒相比，拉格啤酒的味道清

16世紀釀造啤酒的情形　　圖：Jost Amman

爽，又有抑制雜菌繁殖的效果，所以逐漸被大眾所接受。

　　我想透過上述，各位應該能夠了解，在以往缺乏冷藏設備的時代，溫度管理不易，所以啤酒的品質很難保持穩定。區分中世紀與近代以後的啤酒，決定性差異在於品質的穩定程度。除此之外，純酒令和3項新發明也是重要的轉捩點。

純酒令與啤酒的 3 大發明

　　我想喜歡啤酒的朋友，應該有不少人聽過純酒令吧。這是1516年，由巴伐利亞公國的威廉四世頒布的法律。這項法律規定啤酒只能以大麥、啤酒花和水為原料。發現酵母的存在後，也將酵母追加為原料之一。

　　頒布純酒令的原因之一在於保持品質的穩定。當時在巴伐利亞喝到的啤酒，會添加大麥以外的穀物、香料、香

巴伐利亞公爵威廉四世
圖：Hans Wertinger、收藏地點：巴伐利亞州立繪畫收藏館

草等原料，但有些會危害人體。所以立法的用意便在於使這些劣質的啤酒絕跡，讓啤酒的品質維持穩定。

另一個理由是為了限制小麥的使用。小麥是製作麵包的原料，所以為了讓小麥優先用於製作麵包，確保糧食不會匱乏，因而禁止用於釀造啤酒。值得注意的是，巴伐利亞原本有一種用小麥製造的小麥啤酒，但是純酒令實施後，只有擁有釀酒權的領主，才能在自己的釀造所釀造小麥啤酒，並且獨占賣酒的利益。純酒令雖然無法面面俱到，但是對保持啤酒品質的穩定仍功不可沒，所以這項法律後來實施的範圍逐漸擴大到全德國。

其次談到3大發明和近代的技術革新，我會依照時間的先後順序進行說明。

首先是卡爾·馮林德（Carl von Linde）發明的氨冷凍機。前述提到以往因為無法進行溫度管理，所以炎熱的夏季不適合製造啤酒，但這項發明卻解決了這個問題。1873年，馮林德開發了氨冷凍機，能夠輕而易舉地製造出冰塊，從此啤酒的釀造不再受季節的限制，一年四季都能進行了。

另一項是路易·巴斯德（Louis Pasteur）發明的低溫殺菌法。巴斯德發現了酵母在發酵過程中扮演的關鍵性角色，也證實腐敗是細菌所引起。1876年，他發表了以「有關啤酒的研究」為題的論文，內容提到了以低溫（50～60度）加熱20～30分鐘，就能抑制酵母和細菌的作用。啤酒自不在話下，現今的其他食品也仍在使用這種方法殺菌。

最後是埃米爾·克里斯蒂安·漢森（Emil Christian Hansen）在1883年確立的純酵母培養法。當時，大家已經知道酵母會參與發酵，但純酵母培養法開發後，還能進一步單獨分離出適合釀

造啤酒的酵母，進行培養。如此一來，就能確保釀出來的啤酒維持一致的風味了。

　　上述3項發明，促成了啤酒的近代化。拜馮林德所賜，釀造啤酒的工程不再有季節之分；托巴斯德之福，品質的穩定化呈現大幅度的成長；最後是得力於漢森，促使啤酒邁進大量生產之路。以上就是有關啤酒的3大發明。

　　釀造啤酒的技術隨著近代產業技術與日俱進，而且到了今日依舊如此。我想，嶄新的啤酒釀造方法隨著技術的進化不斷開發，也因此造就了啤酒的多樣性吧。

啤酒的 3 大發明

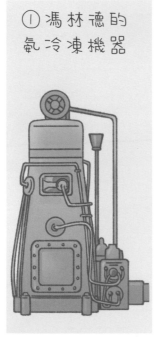

①馮林德的
氨冷凍機器

②巴斯德的
低溫殺菌法

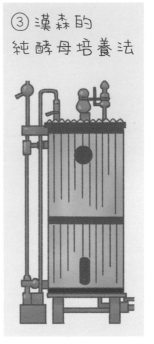

③漢森的
純酵母培養法

追根究柢，
啤酒到底是什麼樣的酒呢？

前面已經說明近代以前的啤酒製造方法，接下來，我要說明啤酒是什麼樣的酒類，以及現在我們喝到的啤酒，是如何製造而成的。

各位覺得啤酒是什麼樣的酒呢？這個問題或許出乎意料地難以回答。

酒的種類依釀造方法可分為3大類。分別是釀造酒（啤酒、

各式酒類與其主要製程

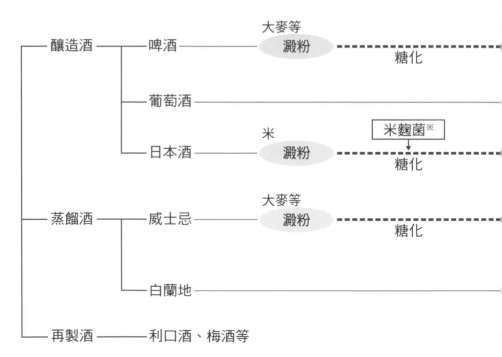

※ 以製程而言，會同時加入米麴菌和酵母。

葡萄酒、日本酒等）、蒸餾酒（威士忌、白蘭地等）、再製酒
（利口酒、梅酒等）。

　　釀造酒是利用酵母使原料發酵而成的酒；蒸餾酒則是把釀造
酒經過蒸餾而成的酒；再製酒則是以釀造酒或蒸餾酒為基底，再
加入水果或香草等其他原料製成的酒。

　　啤酒屬於釀造酒。因為製造啤酒的地方被稱為啤酒工廠，所
以或許有人會把啤酒當作工業製品（當然它是近代工業技術下的
產物沒錯）。但是，如果沒有酵母，就無法製造出啤酒。

　　酵母吃了糖會使麥汁發酵，和使原本含於葡萄裡的糖發酵而
成的葡萄酒（單發酵酒）不一樣，原料的麥子並不含糖，必須先

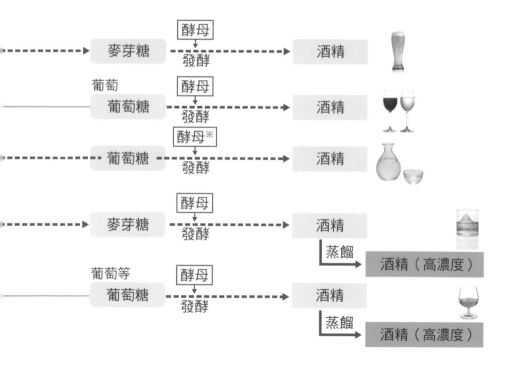

把麥裡的澱粉轉變為糖再進行發酵（單行複發酵酒）。

前面提到日本酒也屬於釀造酒，其發酵機制異於啤酒之處是把澱粉轉換為糖的過程中，同時也進行發酵（並行複發酵酒）。

或許接下來的內容還是有點艱澀，但請各位首先記住啤酒屬於釀造酒。

那麼，啤酒是具備何種特徵的釀造酒呢？針對啤酒，日本的酒稅法第三條做出如下的規定：

十二　啤酒　定義如下，酒精度數低於二十度。
　甲　以麥芽、啤酒花及水為原料，發酵後製成。
　乙　以麥芽、啤酒花、水，以及其他法定物品為原料，發酵而成（麥芽的重量必須超過啤酒花以及水以外的原料總重量的百分之五十。另外，其他法定物品的總重量不可超過麥芽總重量的百分之五）。
　丙　加入啤酒花或法定物品於甲和乙的酒類發酵而成之物（麥芽的重量必須超過啤酒花以及水以外的原料的總重量的百分之五十。另外，其他法定物品的總重量不可超過麥芽總重量的百分之五）。

法律條文的用語總是比較艱澀難懂，但是一言以蔽之，啤酒就是以麥芽為主要原料的釀造酒。

為什麼我會簡化到這種程度，原因在於即使明文規定「酒精度數必須低於二十度」，其實世界上還是找得到酒精度數超過二十度的啤酒；即使規定「以麥芽、啤酒花、水，以及其他法定物

品為原料」，還是有些啤酒大量使用水果等其他副原料。

　　上述畢竟只是日本的酒稅法規定的內容，所以，世上有些被稱為啤酒的酒類並不符合這些條件。例如在日本被當作發泡酒的種類，在其他國家還是被視為啤酒。為了了解世界各地的啤酒與啤酒的文化，我認為即使是日本的酒稅法以外的「啤酒」，也應該併入討論。所以本書所提到的啤酒，並非以日本的酒稅法為依歸，而是用「以麥芽為主要原料的釀造酒」當作標準。

▋啤酒在日本的定義，以及與發泡酒的差異

　　接下來為各位介紹何謂發泡酒。

　　不曉得各位知不知道發泡酒分為兩大類？第一種是減少麥芽量以對應高酒稅的節稅型發泡酒；另一種是使用日本的酒稅法規定以外的原料製作的發泡酒。

　　節稅型發泡酒因為把麥芽比例減少到未達啤酒的標準，所以每 350 毫升被徵收的酒稅大約可降低到 62 日圓，甚至是 47 日圓（啤酒的酒稅是每 350 毫升約 77 日圓）。因此，發泡酒在消費者心中留下一種「味道類似啤酒，但不是啤酒的廉價酒」的負面印象。

　　此外，使用日本的酒稅法規定以外的原料製作的發泡酒，種類包括發源自比利時的比利時艾爾白啤酒（Belgian White Ale）等。受到酒稅法承認的原料有麥芽、啤酒花、水、麥、米、玉米、高粱、馬鈴薯、澱粉、糖類等，如果使用以外的原料，即使

只有少量，而且麥芽的比例也超過67%，符合「啤酒」的基準，卻照樣被歸類為「發泡酒」。

比利時艾爾白啤酒大多會添加橘皮和芫荽，而只要添加一小撮的量，在日本就會被視為發泡酒，例如Hoegaarden White。不過，它在比利時當然被當作啤酒。

不過，像Hoegaarden White這類儘管麥芽比例符合標準，卻因為添加了不被酒稅法認可的原料，因此被視為發泡酒的情況，稅率和啤酒一樣。這種明明是啤酒，卻不被當作啤酒的狀態，被EU（歐洲聯盟）認為是一種非關稅壁壘，因此要求日本政府把這些品項視為啤酒。

Hoegaarden White

日本在2018年（平成30年）4月1日修訂了酒稅法，改變了啤酒的定義。以往約67%的麥芽比例調整為超過50%即可，而且以往不受到認可的原料（果實、辛香料、香草、蔬菜、茶、柴魚片等），只要添加比例低於麥芽量的5%就可以使用。所以像Hoegaarden White之類的比利時艾爾白啤酒，現在也被標示為啤酒了。

啤酒定義的變化

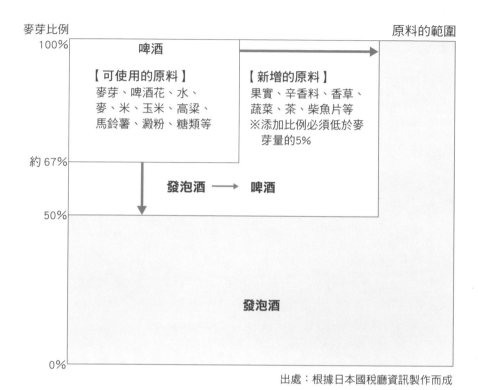

麥芽比例

原料的範圍

100%

啤酒

【可使用的原料】
麥芽、啤酒花、水、
麥、米、玉米、高粱、
馬鈴薯、澱粉、糖類等

【新增的原料】
果實、辛香料、香草、
蔬菜、茶、柴魚片等
※添加比例必須低於麥
芽量的5%

約 67%

發泡酒 ⟶ 啤酒

50%

發泡酒

0%

出處：根據日本國稅廳資訊製作而成

　　另外，酒稅法今後還會繼續進行階段性修訂，預計在2026年，啤酒、發泡酒、「第3類啤酒」的酒稅將會統一，每350毫升徵收約55日圓。對啤酒來說是減稅，但對發泡酒、「第3類啤酒」則是增稅。

　　酒稅法對啤酒的釀造雖然還不是全面鬆綁，但我認為2018年的修訂，對改變日本啤酒的現況已跨出一大步。啤酒的定義涵蓋的範圍愈廣，也意味著味道的多樣性會隨之提升，甚至還可能化為讓日本啤酒文化更大放異彩的推手呢！

啤酒的原料

接下來，我想就製造啤酒的原料，稍作說明。

啤酒的原料包括麥芽、啤酒花、水、酵母、副原料，而每一種原料又可細分為許多種類。啤酒滋味的多樣性，就是透過原料的排列組合所造就，我想這應該也稱得上是啤酒最大的魅力之一吧。

啤酒的外觀與味道，取決於上述原料的運用方式，而負責配方的就是釀酒師。

如同前述，拜啤酒的3大發明所賜，啤酒的釀造不再有季節之分，一年365天都可以進行。

葡萄酒的釀造必須配合葡萄的收成季節（9月到10月），品質也會受到葡萄本身的品質所影響。反觀啤酒的原料不論是麥還是啤酒花，收成後都能長期保存，所以釀造時期已經不再受到限制。就這個角度而言，啤酒比較沒有「看天吃飯」的問題，氣候和該年的自然環境對品質的影響力較少。而這點對釀酒師在設計啤酒的配方上非常重要。

若把啤酒的原料比喻成顏料，那麼以顏料能創作出什麼樣的作品（啤酒）正是釀酒的價值所在。接下來就讓我一一為各位介紹這些創作時所需要的顏料（原料）吧！

◉ 麥芽

啤酒是以麥芽為主要原料的釀造酒。

　　所以把麥芽視為釀造啤酒時最重要的原料，我想應該是很正確的認知。那麼，麥芽又是什麼呢？它和單純的麥子又有何不同呢？

　　如字面的意思所示，麥芽就是發芽的麥。未發芽的麥無法成為製造啤酒的原料，讓麥子發芽是必備的先決條件。

　　至於為何得先發芽不可，原因在於麥子的成分在發芽後會產生改變。

　　不僅限於啤酒，只要是為了透過發酵來製造酒精，都需要酵母的作用。酵母吃了糖，會產生酒精和二氧化碳，換言之，如果原料沒有糖就無法製造酒精了。

　　但是，麥子本身不含糖。所以收成的麥子不能直接用於釀酒，必須先把麥子泡在水裡，使其發芽，促使內部的酵素活化。酵素會把澱粉轉換為糖，所以才會有酵母吃了糖會製造酒精的說法。

　　雖然聽起來或許有些抽象，其實我們每天也在不知不覺中進行同樣的事。

　　米飯在口中經過多次的咀嚼，是不是感覺有甜味呢？這是因為人的唾液也含有酵素，會把米飯的主要成分—碳水化合物（幾乎都是澱粉）轉換為糖。所以米飯才會愈嚼愈甜。

　　古代有一種口嚼酒，做法是把穀物放入口中咀嚼後吐出，使其發酵而成。其原理和米飯愈嚼愈甜一樣，同樣經由口中的酵素把穀物所含的澱粉轉換為糖，再由漂浮在空氣中的酵母菌，從吃下的糖製造出酒精。

　　酵素在麥子發芽時，在麥芽的內部得到活化。

　　或許有些人會分不清楚酵母和酵素有何不同，簡單來說，酵

代表性的麥芽種類

◈ 皮爾森麥芽（Pilsen Malt）

淺色麥芽的種類之一。這種麥芽和另一種顏色比皮爾森麥芽稍深的 Pale Malt，是所有啤酒的基底，總稱為基底麥芽。

◈ 維也納麥芽（Vienna Malt）

顏色比基底麥芽稍深，用於想要替啤酒增添些許顏色與氣味時。大多使用於三月啤酒和勃克（Bock）等啤酒類型。

◈ 水晶麥芽（Crystal Malt）

讓麥芽在含有水分的狀態下進行烘乾，造成澱粉呈焦糖狀。不容易被酵母分解，所以可以替啤酒增添甜味。

◈ 黑麥芽（Black Malt）

以烘焙機烤出焦色的麥芽。只要添加少量，就能讓啤酒的顏色變得漆黑，用於司陶特等深色系啤酒，與能夠增添巧克力風味的巧克力麥芽等統稱烘烤麥芽（Roasted Malt）。

◈ 小麥麥芽（Wheat Malt）

小麥的麥芽。含有大量的蛋白質，會釀出綿密多泡沫的啤酒。用於小麥啤酒和小麥艾爾。

皮爾森麥芽

維也納麥芽

水晶麥芽

黑麥芽

小麥麥芽

母是菌類之一，屬於單細胞生物；而酵素是蛋白質的一種，並不是生物。

另外，釀造啤酒的麥芽主要用的是大麥（二條大麥），但也會使用小麥、黑麥和燕麥。

話說回來，如果在麥子發芽後，任其繼續生長，因為它在成長的過程中會消耗糖分，所以發芽後必須進行乾燥，使其停止生長。乾燥麥芽的製程稱為焙燥；之後除去根部，剩下的就是用於釀造啤酒的淡色麥芽了。接著進入烘烤等製程，最後完成的是深色麥芽。麥芽的顏色會直接影響啤酒的色澤和滋味，所以決定該

啤酒花田（岩手縣遠野市）

使用何種麥芽，又該使用多少，是設計一款啤酒時的基本功。

◉ 啤酒花

我想，即使聽過啤酒花這三個字，但大概很多人還是不清楚它的用途和特徵吧。啤酒花是大麻科蔓性多年生草本植物，日文漢字寫成西洋唐花草。隨著成長，它會纏繞著物體向上生長，高度最高可達8公尺。

啤酒花是雌雄異株，從雌株長出來的球花被當作啤酒的原料使用。

球花中有許多被稱為啤酒花苦味素的黃色顆粒。

球花裡長了許多微小的黃色顆粒，稱為啤酒花苦味素（Lupulin，又稱蛇麻素）。啤酒花苦味素具有防腐效果，也是啤酒的苦味和香氣來源。

啤酒花適合栽培於氣候涼爽的地區，以地理位置而言，大約是在南北緯35～55度之間。北半球的主要產地有德國、捷克、美國，南半球則是澳洲和紐西蘭。

日本也有地區栽培啤酒花，以產量而言，岩手縣位居第一。其中大多是啤酒大廠的契作，但農家現在也面臨高齡化和後繼無人的問題，因此產量逐漸減少。值得慶幸的是，最近有人開始致力於讓日本國產啤酒花捲土重來，或許啤酒花的生產量會止跌回升也說不定。

以岩手縣遠野市為例，種植啤酒花的農家與遠野市、麒麟啤酒合作，靠著栽培啤酒花和釀造啤酒來振興地方。另外，其他地方也有小規模的釀造所，以自家栽培的啤酒花釀造啤酒，慢慢提升一般大眾對啤酒花的關注程度。

雖然啤酒花已經是釀造啤酒時不可或缺的原料，但是在改用啤酒花之前，也曾使用由數種香草混合製成的Gruit。之後，逐漸發現啤酒花的效用，才全面改成使用啤酒花。所謂的效用包括「抑制雜菌繁殖」「增添苦味和香氣」「使泡沫不易破碎」「使蛋白質沉澱，質地不容易混濁」4項。我想一開始會使用啤酒花，主要是基於抑制雜菌繁殖的目的。

不過，至於啤酒花到底從什麼開始用於釀造啤酒，目前仍不清楚確切的時間。7、8世紀已經出現啤酒花栽培的紀錄，但不確定是否用於釀造。目前現存的紀錄顯示12世紀的德國已使用啤酒花釀造啤酒，一般認為，啤酒花在這個時候已經逐漸取代

Gruit了。

　　現在，啤酒花成為釀造啤酒時的必備原料，栽培的品種也不只一種。大致可分為主要用於增添苦味的苦啤酒花，以及主要用於增添香氣的芳香啤酒花（也有些品種兼具兩種特性）。釀酒師便是以麥芽本身的味道為基底，靠著各種啤酒花的組合運用，決定如何呈現一款啤酒的風味。

　　另外，如同前述，雖然啤酒的釀造已不受到季節限制，不過，如果還是要設定一個「啤酒正當季」的時間點，我認為應該是9～10月。

進行啤酒花篩選作業的情形。工作人員以手工剔除雜質（岩手縣遠野市、攝於2018年8月27日）

照片：時事

5個代表性的啤酒花品種

◈ Saaz

皮爾森啤酒等拉格類啤酒使用的頂級芳香型啤酒花（Fine Aroma Hops）。味道清爽高雅，苦味也清新宜人。原產地是捷克的薩茲（Saaz），因此成為這個品種的命名由來。

◈ Cascade

美國啤酒花的代表性品種。特徵是帶有柑橘類的香氣，即使說美國的精釀啤酒是靠它才有今天也不為過。

◈ Kent Golding

英國產的芳香型啤酒花。和美國的啤酒花相比，替啤酒增添的香氣較為溫和優雅，大多用於英式的艾爾啤酒。

◈ Sorachi Ace

由三寶樂啤酒開發，1984年完成品種登記。當初在日本很少被使用，但是帶有檸檬草風味的香氣在美國頗受歡迎。

◈ Nelson Sauvin

紐西蘭的代表性品種。其香氣會令人聯想到白蘇維翁葡萄酒（Sauvignon Blanc），所以加上產地名稱Nelson成為品種名。香氣優雅純淨。

新鮮啤酒花（生啤酒花）釀出來的啤酒帶有迷人的清香。

錠狀的啤酒花。經過乾燥壓縮製成，方便一整年隨時使用。

理由是啤酒花的收成季節是8月前後。如果立刻使用剛採收的啤酒花釀造啤酒，啤酒在9～10月就可上市。經過乾燥、壓縮，製成錠狀的啤酒花可以長時間保存，但剛採收的啤酒花香氣馥郁，絕非壓成錠狀的啤酒花能夠比擬。新鮮的啤酒花不只香氣更勝一籌，用來釀造啤酒的話，啤酒的香氣和氣味都更加突出。

啤酒花經過加熱、乾燥、時間的流逝，鮮嫩的程度也會隨之下降。所以能夠喝到以新鮮啤酒花釀造的啤酒，只有每年的9～10月。各位如果在這段時間看到用新鮮啤酒花釀成的啤酒，請千萬不要錯過品嘗的機會。

在第76、77頁，為各位介紹幾種較具代表性的啤酒花品種。

◉ 水

啤酒的原料大部分是水。雖說啤酒是以麥芽為主原料的釀造酒，但水占了其中的90%以上，是非常重要的原料。

用於釀造的水，乾淨衛生當然是首要條件，但鈣、鎂等礦物質的含量也會影響啤酒的口感和風味。

鈣、鎂含量（硬度）高的水屬於硬水，含量低的屬於軟水。雖然兩者都可用於釀造啤酒，但它們各有適合釀造的啤酒類型。

如果使用硬水，釀出來的啤酒顏色較濃，喝起來也更為醇厚有深度，因此，適合用於淡艾爾（Pale Ale）和深色啤酒。相對地，如果使用軟水，釀出來的啤酒顏色比較淺，口感銳利，適合用於皮爾森等淺色啤酒。

說到啤酒，大家腦中立刻浮現的是金黃色的液體，和漂浮在上面的白色泡沫。以啤酒類型而言，這是皮爾森啤酒的標準外

觀，不過，在號稱是皮爾森啤酒始祖的皮爾森歐克啤酒（Pilsner Urquell）於1842年問世之前，啤酒都是深色的。

　　皮爾森歐克啤酒誕生於捷克的皮爾森市。有一位名為約瑟夫・格羅爾（Josef Groll）的德國釀酒師，在這個城市釀出了全世界第一款金黃色的啤酒。原因據說是德國雖為硬水區，但皮爾森市的水卻是軟水。順帶一提，皮爾森歐克的「歐克（Urquell）」，德文的意思是發源地。皮爾森是目前全世界最多人飲用的啤酒類型，而它就從這裡發跡。

◉ 酵母

　　釀酒需要酵母，不僅限於啤酒。酵母會將糖分解為酒精和二氧化碳，製造出我們喝的酒。另外，酵母在分解的過程中，有時候也有副產物，例如製造出聞起來像香蕉的氣味，或濃郁的香氣。

粉狀、液狀的啤酒酵母

第1章提到，用於製造啤酒的酵母，有拉格酵母（下層發酵酵母）和艾爾酵母（上層發酵酵母）。另外，有些啤酒會使用野生酵母。這些酵母的大小約介於5～10微米（1微米＝0.001毫米）。當然，在科學還不發達的年代，人們還不知道酵母的存在。

酵母到19世紀才為人所知。之後到了1883年，在漢森確立了純酵母培養法後，只要在適當的管理下，就可以量產出高品質的啤酒了。

無論如何，酵母是一種生物。所以想要控制酵母的作用，是難度很高的作業。所以釀酒師必須正確判斷該使用哪一種酵母，並且把釀酒的環境調整成便於讓酵母發揮作用的狀態。酵母的種類多如繁星，而啤酒大廠都有獨家的酵母菌種庫，進行嚴密的管理。

不過，酵母其實是無所不在的。各位閱讀本書的同時，身邊也存在著無數的酵母，只是肉眼看不見而已。雖然不是每一種酵母都適合用來釀造啤酒，但其中也有適合的種類。以下為各位介紹的幾款啤酒，都是使用非啤酒

東北復興支援啤酒　渚咲～Nagisa～
（岩手藏啤酒）

酵母釀造出來的。

　　第一款是岩手藏啤酒出品的東北復興支援啤酒 渚咲～Nagisa～。這款啤酒的靈感來自於 2011 年發生東北 311 大地震時，釜石市的斑點百合花雖然毀於海嘯，但隔年還是照樣盛開，展現出強大的生命力。岩手藏啤酒從斑點百合花中萃取出酵母，釀造了這款啤酒，並將部分銷售額用於復興三陸的漁業。

　　另一款是美國 Rogue Ales 出品的 Beard Beer。Beard 是鬍子的意思，而如同字面上的

Orochi（松江 Beer Hearn）
※照片中是 2018 年的產品

意思，這款啤酒所使用的，正是從 Rogue Ales 的釀酒師喬・麥瑪的下巴鬍鬚中採集到的酵母。雖然不是每個人的鬍子都有適合釀造啤酒的酵母，但透過這個特殊的例子，可以讓我們充分了解，原來酵母是無所不在的。

　　比利時有一種叫蘭比克（Lambic）的啤酒類型，使用的是漂浮在空氣中的野生酵母。另外也有使用日本酒酵母製作的啤酒，例如松江 Beer Hearn 每年都會在年底推出限量發售的 Orochi。前面提過，啤酒是種不受形式拘束的多樣性酒類，從豐富的酵母運用方式看來，我想也算是替這個說法再提供一項佐證吧。

Red Rice Ale（常陸野貓頭鷹啤酒）
照片：齋藤さだむ

神都麥酒（伊勢角屋麥酒）

◉ 副原料

　　只要湊齊麥芽、啤酒花、水、酵母這4大原料就可以釀造啤酒。因此，這以外的其他原料一律被視為「副原料」。包括米、玉米、澱粉、糖類等。添加副原料的目的，是為了增添只靠主要原料無法產生的風味。

　　使用百分之百的麥芽、完全不用副原料的啤酒，稱為純麥芽啤酒。若以德國純酒令的標準來看，在啤酒裡添加副原料原本就是不被允許的事，但是副原料可以豐富啤酒的多樣性，也是不爭的事實。

　　日本啤酒經常使用的副原料是米。米的特徵是味道清爽，以大廠而言，朝日啤酒的Asahi Super Dry、三寶樂啤酒的SAPPORO黑標生啤酒都添加了米。另外也有使用山田錦等酒米（適合釀酒的米）釀造的啤酒，或是用古代米（從古代傳承至今的稻米品種）釀造

的啤酒，如常陸野貓頭鷹啤酒的Red Rice Ale、伊勢角屋麥酒的神都麥酒等。這些副原料不僅扮演著增添風味的角色，更是日本特有的素材，因此也賦予了產品獨創性。

另外，雖說是「副」原料，但有些副原料對啤酒的味道卻發揮很大的影響力。例如添加了水果和果汁釀成的水果啤酒，如果添加的量較多，味道喝起就像水果酒。

另外，也有人會在司陶特啤酒裡添加咖啡豆，或在比利時艾爾白啤酒添加橘皮和芫荽。不論是咖啡豆、橘皮還是芫荽，都被當作副原料，以日本而言，酒稅法從2018年4月1日開始將上述品項納入副原料。不過，如果使用量超過麥芽的5%，或者使用酒稅法以外的原料，就會被當作發泡酒。

啤酒的有趣之處在於可以利用副原料打造獨創性和地方特色，為地方振興或活絡經濟貢獻一點力量。1990年代後期的在地啤酒風潮，因為無法維持良好品質而劃下句點，但如今的精釀啤酒，某方面也逐漸找回這樣的「在地」精神。

例如COEDO Brewery就以川越特產的「紅赤地瓜」為副原料，釀出了COEDO紅赤-Beniaka-這款啤酒。釀酒廠並非單純基於這是當地特產而使用，而是為了讓賣相不

COEDO紅赤-Beniaka-（COEDO Brewery）

佳、原本會慘遭丟棄的地瓜能夠物盡其用。

地瓜如果賣出去了，當然可以替農民增加收入；如果丟棄了，就一毛錢也拿不到。據說原本要被丟棄的地瓜，占了生產量的4成左右。如果能夠被COEDO Brewery收購，做為釀造啤酒的副原料，對農家而言也算不無小補。

除此之外，還有好幾款啤酒都使用了當地特產的農作物。地方的釀造所藉由當地特產釀造啤酒，銷往首都圈和國外，除了創造收益，也能活絡地方經濟。

在眾多酒類當中，能夠像這樣把副原料當作祕密武器的，應該也只有啤酒了吧！

▌啤酒的釀造方法

接下來，為各位簡單介紹啤酒的釀造過程。製程的細節無需一一熟記，但掌握大致流程，對理解啤酒的類型會更有幫助。

首先從製麥，也就是製造麥芽開始說明。

◉ 製麥

製麥是釀造啤酒的第一步。前面已經說明，讓麥子發芽，目的是為了讓麥子裡的酵素得到活化，把澱粉轉換為糖。現在進一步看看其中更詳細的過程。

首先是浸麥。把麥子浸泡在水溫15度左右的水約2天，讓麥子充分吸收水分，準備發芽。

　　下一步是發芽。把吸飽水的麥子送到有溫度控管的發芽室。麥子一旦開始發芽就會產生熱，必須吹風並適度攪拌，讓麥子的溫度維持在15度左右。這個步驟耗時4～7日。

　　發芽後的下一步是焙燥。如果放任不管，發芽的麥子會繼續生長，必須以熱風乾燥抑制其生長。不過溫度太高會使酵素失去

焙燥後去除根部的麥芽。

活性，所以熱風的溫度不可超過90度。

焙燥完成後，接著是除根。麥芽長出的根會產生惱人的苦味，所以要去除。

以淡色麥芽而言，製麥到此就大功告成了；若要製作深色麥芽，則必須再進行烘焙。方法是以120～230度的高溫烘烤，製作出來的就是黑麥芽或巧克力麥芽。

雖說製麥是釀造啤酒的第一步，但實際上，幾乎沒有釀造所會自己製麥，大部分的釀造所都會直接向製麥業者購入麥芽使用。

◉ 糖化

麥芽完成後，下一步是備料。所謂的備料就是製作麥汁，把麥芽的澱粉轉換為糖，所以又稱為糖化（Mashing）。

首先把麥芽搗成粗泥，加入熱水攪拌成糊狀。接著是分段式加溫。分段式的做法，是為了保持適合不同酵素活動的溫度。一開始先維持在50度，讓分解蛋白質的酵素發揮作用。

接著把溫度提高到65度左右，這是適合分解澱粉的酵素發揮作用的溫度。經酵素的作用後，澱粉會轉換為糖。

等到糖化充分進行之後，再把溫度提高到70度以上。高溫可以抑制酵素繼續作用，讓糖化結束。

附帶一提，糖化的方法可大致分為兩類，分別是浸出法（Infusion）和煮出法（Decoction）。浸出法就是在同一個糖化槽內，進行分段式升溫；煮出法則會把一部分的麥芽糊放進另一個槽加熱後，再把它倒回原來的糖化槽，讓整體的溫度上升。

◉ 過濾、洗槽（Sparging）

因為澱粉轉換成為糖，完成糖化的麥芽糊會變甜。接著就要將麥芽糊過濾，取得清澈的麥汁。

麥芽在糖化之前已經先被搗成粗泥，這時，碾碎的麥芽穀殼可以發揮過濾的功能。把麥芽糊移到底部呈篩網狀的過濾槽，麥汁就會經過穀殼這個過濾器流出來。接著把麥汁再次倒入過濾槽，重複過濾，讓清澈的麥汁流出。一般將這時取得的麥汁稱為「一番麥汁（第一道榨取的麥汁）」。

到了過濾作業的後半段，會用熱水從上往下淋灑在麥芽糊上。這個步驟稱為洗槽，目的是徹底萃取出殘留的麥汁精華。洗槽後流出的麥汁稱為「二番麥汁」。

◉ 煮沸

備料的最後步驟是煮沸，就是把麥汁倒進煮沸的鍋子裡熬煮。

煮沸有好幾個目的，主要包括殺菌、調整麥汁的濃度，以及讓啤酒花的成分混入麥汁。

熬煮麥汁可以殺菌，同時讓僅存的少數酵素停止作用。麥汁經過洗槽後被稀釋，藉由熬煮也可以調整到適當的濃度。

最後是加入啤酒花。大部分的做法是分兩、三次加入煮沸中的麥汁，而投入的時間點則因目的而異。

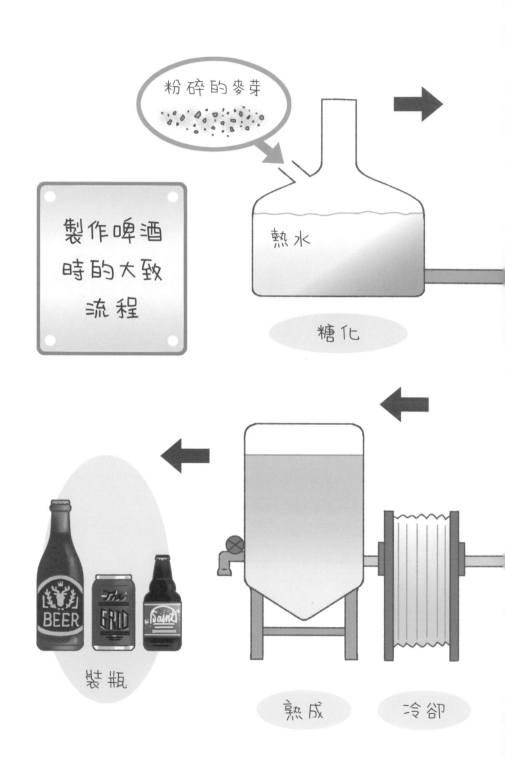

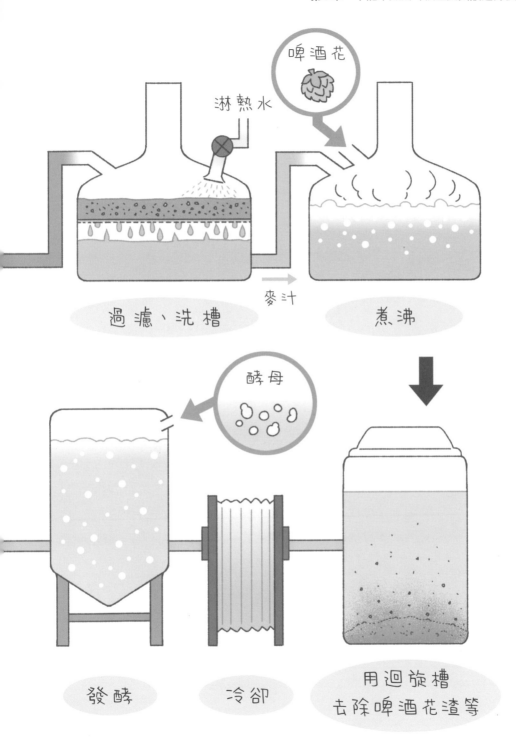

淋熱水

啤酒花

過濾、洗槽　　　麥汁　　　煮沸

酵母

發酵　　　冷卻　　　用迴旋槽
　　　　　　　　　　去除啤酒花渣等

如果在剛煮沸時就加入啤酒花，長時間的熬煮會使麥汁出現苦味。而且啤酒花也不耐熱，煮太久會使香氣流失，所以一開始就加入麥汁的話，無法使啤酒花的香氣附著。相反地，如果等到煮沸階段即將結束前才加入啤酒花，就不太會產生苦味，還能保留更多的香氣。

啤酒花投入的時機和分量該如何斟酌，對啤酒的風味會產生很大的影響。

◉ 冷卻、發酵

備料完成後，終於輪到酵母登場。剛煮沸完成的麥汁溫度太高，無法讓酵母活動，所以必須先冷卻至適當的溫度。

將麥汁從煮沸鍋移到發酵槽時，會先用迴旋槽去除啤酒花渣等雜質，再以冷卻器降溫到適合酵母活動的程度。拉格酵母（下層發酵酵母）是4～10度，艾爾酵母（上層發酵酵母）是16～24度。冷卻的溫度取決於釀造的啤酒類型和酵母種類。

把酵母加入冷卻的麥汁後，發酵就開始了。所謂的發酵，就是經由酵母的作用，讓麥汁裡的糖分，轉變為二氧化碳和酒精。拉格酵母（下層發酵）大約需花費10天，艾爾酵母（上層發酵）則大約是5天。這段時間是主發酵，主發酵完成後的發酵液稱為青啤酒。

◉ 熟成

青啤酒含有酒精，要說是酒倒也沒錯。不過這個階段的啤酒，味道還很粗糙，氣味也不好聞。因此必須先將青啤酒冷卻、熟成，調整啤酒的味道。

在熟成期間，發酵也持續緩慢進行。青啤酒雖然經過過濾，還是有少量的酵母殘留，而酵母製造出來的二氧化碳會流入液體中。二氧化碳除了會對啤酒的味道發揮作用，當未溶解的二氧化碳釋放出來時，也會同時將不好聞的味道釋出，使啤酒整體的香氣更為均勻。

另外，蛋白質等成分會在冷卻後凝固，沉澱在液體的底部。隨著時間的經過，啤酒會逐漸變得清澈。

熟成所需的時間因啤酒類型而異，艾爾酵母（上層發酵）大約是2～3星期，拉格酵母（下層發酵）的時間更長，超過1個月。

◉ 裝瓶

熟成結束後，啤酒就算成品了。不過出貨前，必須先裝入瓶、罐或桶等容器。為了確保品質無虞，啤酒在裝瓶前必須再過濾一次。

過濾了酵母和蛋白質等雜質之後，啤酒的質地變得更清澈。如果啤酒中仍有酵母殘留，發酵就會持續進行，如此一來便無法維持啤酒的品質。另外，在過濾技術尚未發達的年代，釀酒廠常以熱處理方法（巴氏殺菌法）殺滅酵母。雖然已經較少見了，但目前還是有人以熱處理方式製造啤酒。

另外，所謂的生啤酒，就是不經過熱處理，直接過濾的啤酒。無論是桶裝、瓶裝或罐裝，只要未經熱處理，都可以稱為生啤酒。

說到熱處理啤酒的代表品牌，首推麒麟啤酒的 Kirin Classic Lager 和三寶樂啤酒的 SAPPORO Lager Beer。這兩款啤酒都沒

有在罐身和瓶身標記出「生」的字樣。

　　另一方面，也有刻意不經過濾和熱處理的啤酒。甚至還有啤酒在裝瓶或裝桶時，特地添加糖和酵母，使啤酒在容器內二次發酵。隨著發酵在容器內持續進行，啤酒的味道也會跟著慢慢改變，成了另一種品味啤酒的樂趣。有些啤酒在剛釀好時最好喝，有些啤酒則適合享受不同階段的滋味變化。

Kirin Classic Lager（麒麟啤酒）

SAPPORO Lager Beer（三寶樂啤酒）
※照片中是2018年的產品

第 4 章

不能不知的啤酒類型

掌握啤酒類型的必要性

從第 1 章開始就多次提到，掌握啤酒的類型，可以讓啤酒的世界變得更加廣闊。依照分類方式的不同，啤酒甚至可以分出 150 種以上的類型，擁有多元豐富的味道，這點各位應該也多少理解了。

記住啤酒的主要類型，可以讓各位在購買或選擇配餐啤酒時，能夠事先對味道有個基本的概念，不會盲買或瞎猜。

舉例來說，假設餐廳的酒單列了 3 種啤酒。依類型而言，分別是皮爾森、IPA 和司陶特。如果你希望自己第一杯點的是口感清爽的啤酒，那麼該選哪一種呢？

正確答案是皮爾森。

簡單來說，各位只要回想啤酒大廠的產品，例如 Asahi Super Dry、Kirin 一番搾生啤酒、SAPPORO 黑標生啤酒、The PREMIUM MALTS，就想像得出皮爾森是什麼味道了。

IPA 的特徵是酒精度數稍高，帶有強烈的苦味；而司陶特的特徵是色澤漆黑，帶有烘烤香氣。兩者都不是味道清爽的啤酒類型。

如果想喝的是口感清爽的啤酒，結果卻點了 IPA 或司陶特，即使啤酒本身的品質絕佳，但喝了可能也會覺得「這不是我想喝的啤酒啊」。為了避免這種「點錯酒」的情況發生，事先掌握主要類型的味道特徵會很有幫助。

好比點拉麵的時候，明明想吃口味清淡的拉麵，卻在對口味

一無所知的情況下，誤點了加了背脂的醬油豚骨拉麵，而不是鹹味拉麵。就算這碗加了背脂的醬油豚骨拉麵口味一流，但是在想吃得清淡一點的時候吃它，恐怕還是會不滿意吧。

Q.想喝口味清爽的啤酒時？

皮爾森

IPA

司陶特

啤酒大廠出品，一般人最熟悉的味道。

特徵是強烈的苦味

特徵是帶有烘烤香氣

A.如果是3選1，正確解答是皮爾森！

點錯酒的感覺，就像想吃口味清淡的拉麵，卻誤點了加了背脂的醬油豚骨拉麵。

另外，請各位還要記住一點：即使某種啤酒類型的發源地是德國，也並不表示只有在德國才能釀造。發源地僅僅是發源地，許多類型的啤酒都有在發源地以外的地方釀造。舉例來說，你也可以在美國釀造起源於比利時的啤酒，再進口到日本。

此外，一般常聽到的德國啤酒、比利時啤酒等說法，指的並不是啤酒類型，而是在德國和比利時製造的啤酒。例如皮爾森啤酒的發源地是捷克和德國，但如果是在比利時製造的皮爾森啤酒，同樣可以稱為比利時啤酒。

不過，如果說的是「比利時類型的啤酒」，意思就是「發源於比利時的啤酒類型」。舉例來說，比利時艾爾白啤酒就是起源於比利時的啤酒，但日本也有釀造。

或許有些人看到這裡會覺得一頭霧水，總歸來說，只要知道幾乎每一種類型的啤酒，都有在發源地以外的國家製造就行了。

看到這裡，各位應該不難了解啤酒類型的必要性了。話雖如此，要把150種都記起來也未免太強人所難。實際上，也沒有必要全部記住。啤酒的類型可大分為3類，分別是使用拉格酵母（下層發酵酵母）的拉格型、使用艾爾酵母（上層發酵酵母）的艾爾型，以及使用上述兩種以外的野生酵母的啤酒，和無法分類的其他類型啤酒。

每大類型又可再細分成好幾個類型，不過剛開始只要記住幾種基本的啤酒類型就綽綽有餘了。以下為各位介紹幾種重要的啤酒類型。

此外，為了方便各位看到啤酒類型，就能想像出大概的味道，我也稍微敘述了每種類型的味道特徵。

拉格型啤酒

◉ 皮爾森（Pilsner）

首先從各位最熟悉的啤酒類型—皮爾森開始介紹。

它是最具代表性的拉格型啤酒，特徵是口感清爽銳利，帶有啤酒花的清香和苦味。說到啤酒，很多人想到的應該都是呈現金黃酒液、漂浮著白色泡沫的皮爾森吧。

如前所述（P.79），皮爾森啤酒是在1842年，由一位被聘請到捷克皮爾森的德國釀酒師約瑟夫・格羅爾所開發。皮爾森的軟水適合釀造金黃色的啤酒，而這個城市的名字，也成為這款啤酒的命名由來。皮爾森歐克是皮爾森啤酒的始祖，也有進口到日本。

如果分得細一點，在捷克釀造的皮爾森啤酒，又被歸類為波希米亞皮爾森型。所謂的波希米亞，意指捷克西部的波希米亞地區與當地居民，而皮爾森啤酒的誕生地—皮爾森，也是位於波希米亞地區的城市。

另外，在德國釀造的皮爾森啤酒，則稱為德國皮爾森。特徵是味道比波希米亞皮爾森再清爽一些，顏色也更亮一點。德國各地都有人釀造皮爾森啤酒，但愈往北，啤酒的苦味傾向愈明顯。

除此之外，德國還有Dortmunder和Helles（淡啤酒），都是味道類似皮爾森的類型。Dortmunder是發源自德國多特蒙德（Dortmund）的啤酒，啤酒花特有的苦味和香氣都較不突出，味道的均衡感佳。Helles發源於德國南部的慕尼黑，啤酒花的特

色更不明顯，口感輕盈，喝起來清新爽口，可以享受怡人的麥香。

　　雖然上述的皮爾森啤酒各有特色，但如果不是同時評比，恐怕很難喝得出差異。各位不妨試著和平常喝的大廠啤酒比較一下，感覺香氣有何差異、苦味是否比較強、酸味和甜味是否明顯即可。有些皮爾森啤酒帶有柑橘類的香氣，也有些喝起來苦味很強烈。請各位以自己平常喝的啤酒為基準，感受看看有哪些差異，或許就能從中體會出共通點，表示你已經掌握皮爾森的類型特性了。

聽到皮爾森啤酒，可以聯想這樣的味道

口感清爽銳利，
啤酒花的清香和苦味是其特徵。

波希米亞皮爾森

皮爾森歐克（Pilsner Urquell）

歐克（Urquell）是發源的意思。以重複3次的煮出法萃煉出麥芽的鮮味。和Saaz產啤酒花的清新苦味形成絕妙的均衡感。

捷克

德國皮爾森

福倫斯堡皮爾森（Flensburger）

在德國北部、鄰近丹麥國界的福倫斯堡（Flensburg）釀造的皮爾森啤酒。充滿北方皮爾森的特色，啤酒花的苦味很明顯。

德國

◉ 慕尼黑啤酒節啤酒（梅爾森）

　　慕尼黑啤酒節（Oktoberfest）在日本也是知名度很高的盛大節慶。不過，知道這個節慶由來的人應該並不多。Oktober 就是德文 10 月的意思，在慕尼黑舉辦的啤酒節為期 16 天，並訂定 10 月的第一個星期日為節慶最終日。只有慕尼黑在地的 6 間釀酒廠（Spaten、Paulaner、Augustiner、Hacker-Pschorr、Lowenbrau、Hofbrau）有資格進駐節慶。它被譽為是全世界規模最大的節慶，每年造訪的遊客超過 600 萬人。

慕尼黑啤酒節

　　日本也仿效慕尼黑啤酒節，以「Oktoberfest」的名稱舉辦啤酒節，不過和正宗的德國慕尼黑啤酒節沒有什麼關係。日本的啤酒節在春天和夏天都會舉辦，因此也未繼承Oktoberfest（十月節）的原意。

　　慕尼黑啤酒節起源於1810年，當時是為了慶祝巴伐利亞王國的路德維希王子的婚禮所舉辦，後來才演變成銷售啤酒的活動。啤酒節上供應的啤酒，稱為慕尼黑啤酒節啤酒，以啤酒類型而言屬於梅爾森啤酒（又稱清啤）。

　　梅爾森（Märzen）在德文是3月的意思。這款啤酒在3月釀造，經過長期的熟成，直到10月的啤酒節到來。為了確保在高溫的夏季也能持續熟成，這款啤酒的酒精度數稍高，大約是5～6%。顏色是明亮的棕色，啤酒花的氣味不濃，苦味適中。喝起來有一股像是剛出爐麵包的香味。

聽到慕尼黑啤酒節啤酒（梅爾森），可以聯想這樣的味道
口感比皮爾森更加輕盈，
帶有烤麵包的香氣，酒精度數偏高。

帶著一股剛出爐麵包
的風味

慕尼黑啤酒節啤酒（梅爾森）

Spaten Oktoberfest

（Spaten）

　　麥芽香氣濃郁，也帶有焦糖和堅果的氣味。按照慕尼黑啤酒節的慣例，會由慕尼黑市長用木槌敲開Spaten的啤酒桶，宣布慶典正式開始。

德國

◉ 勃克（Bock）

　　發源自德國艾恩貝克（Einbeck）的啤酒類型。有人說應該是貝克的「Beck」被寫錯成「Bock」，但也有人說命名由來是因為喝下啤酒的人，會變得像公山羊（bock）一樣有活力。基於這個理由，在德國銷售的勃克啤酒，酒標的圖案經常是山羊。

　　勃克啤酒的特徵是酒精度數偏高，介於6～7%。色澤大多接近棕色，麥芽的風味比啤酒花明顯。

　　另外，還有從勃克衍生出來的分支。例如酒精度數更高的

Doppelbock（雙倍勃克）、色澤較淺的Heller Bock（淺色勃克），或是將勃克啤酒冷凍脫水、使酒精度數超過10%的Eisbock（冰勃克）。另外還有小麥勃克這種類型，簡單來說，就是酒精度數提高的小麥啤酒。

聽到勃克啤酒，可以聯想這樣的味道

麥芽的風味濃郁，

酒精度數偏高的拉格型啤酒。

勃克

五月勃克（Einbeck）

　　有明顯的麥芽風味，和清爽的啤酒花香氣交織成清新的口感。五月勃克（Maibock）的Mai是德文的5月，這款啤酒也是在每年的3月～5月限定發售。

◉ 鄧克爾（Dunkel）

　　鄧克爾也是發源於德國的啤酒類型。Dunkel 在德文是「深色」的意思。鄧克爾啤酒的色澤大多介於棕色到深棕色，麥芽的鋒頭蓋過啤酒花。隱約喝得出麥芽帶來的焦糖感和巧克力般的風味，不過和其他拉格型啤酒相比，算是比較容易入口的類型。

聽到鄧克爾啤酒，可以聯想這樣的味道

麥芽的味道比皮爾森濃，

有焦糖般的香味是其特徵。

鄧克爾

Hofbrau Dunkel（Hofbrau）

　　特色是麥芽帶有焦糖味。色澤深，喝得到一絲巧克力般的風味。口感滑順，和顏色給人的印象有些出入。

德國

◉ Schwarz

Schwarz在德文是黑色的意思。正如其名，這是一種顏色漆黑的啤酒，也有呈現極深焦茶色的。漆黑的顏色來自烘烤麥芽，但實際喝起來不像外表那麼厚重，反而稱得上是清爽易入口。

拉格型啤酒的特徵之一就是口感清爽，即使是漆黑的Schwarz也不例外。與艾爾型的黑啤酒，例如波特、司陶特等相比，Schwarz給人的感覺爽口，焦味較不明顯。即使都是黑啤酒，不同類型的味道也不一樣。

最具代表性的Schwarz啤酒廠商——Köstritzer釀酒廠。位於德國東部的巴德克斯特里茨（Bad Köstritz）。

照片：Radler59

聽到Schwarz，可以聯想這樣的味道

**顏色漆黑，有烘烤的氣味，
但整體的味道很爽口。**

Schwarz

Köstritzer Schwarzbier（Köstritzer）

號稱連歌德也鍾愛的黑啤
酒。特徵是色澤漆黑，喝得出
來自烘烤麥芽的苦味。口感銳
利。

◉ 加州日常啤酒（California Common Beer）

發源自加州舊金山的啤酒類型，是在加州溫暖的環境下，讓
原本適合低溫發酵的拉格酵母順利發酵釀造而成的啤酒。這種製
法保留了拉格啤酒特有的清爽口感，同時也隱約帶有艾爾啤酒特

有的水果香氣。

　　這個類型的特徵，會產生有如蒸氣般的啤酒泡，所以發祥時曾被稱為蒸氣啤酒。不過，「STEAM BEER」如今已是 Anchor Brewing 的註冊商標，所以一般稱這個類型為加州日常啤酒。

聽到加州日常啤酒，可以聯想這樣的味道。

**味道爽口，有一股像麵包的風味，
還有隱約的水果香氣。**

加州日常啤酒

Anchor Steam Beer（Anchor Brewing）

　　泡沫豐富，酒液為亮銅色。帶有果香和蜂蜜般的香氣，但口感銳利爽口。尾韻有輕微的啤酒花苦味殘留。

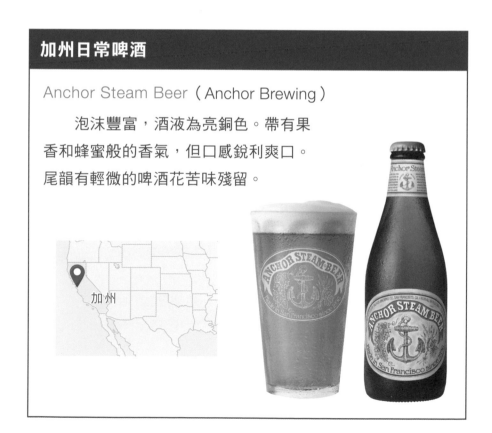

加州

艾爾型啤酒

◉ 小麥啤酒（Weizen）

使用發源於德國南部的小麥芽釀造的啤酒。多數的啤酒都使用大麥芽釀造，而小麥啤酒則使用超過50%的小麥芽。Weizen在德文是「小麥」的意思，啤酒的質地會因小麥的蛋白質而顯得白濁，所以有時也稱為Weiss（德文的「白」）。

小麥啤酒的特色是香氣。小麥啤酒酵母屬於艾爾酵母（上層發酵酵母）的一種，散發著香蕉般的香氣，還有類似丁香、肉豆蔻的氣味。小麥也會帶來些微酸味，啤酒花的苦味不太明顯。另一項特徵是豐富的泡沫。

小麥啤酒還可以細分成多個類型，包括未將酵母濾除而呈白濁狀的酵母小麥啤酒（Hefeweizen）、將酵母濾除而顏色清澈的水晶小麥啤酒（Kristallweizen）、深色的鄧克爾小麥啤酒（Dunkelweizen）、酒精度數高的小麥勃克啤酒（Weizenbock）等類型。

說到小麥啤酒可以想像得到的味道。

顏色白濁，有類似香蕉或蘋果的氣味。
稍帶酸味，苦味喝不太出來。

有一股香蕉般的氣味

小麥啤酒

Plank Hefeweizen（Plank釀酒廠）

　　宛如香蕉的香氣和丁香味形成了絕妙組合。色澤比一般的酵母小麥啤酒深一點，口感滑順溫和。

德國

◉ 科隆（Kölsch）

　　發源自德國科隆的啤酒類型。特徵是澄澈的金黃色，柔和順口。科隆啤酒帶有一絲蘋果般的水果香氣，由於以低溫熟成製成，得以創造出清爽的滋味。

　　另外，Kölsch的名稱是原產地的稱呼，只有簽訂了Kölsch協約的科隆市（Köln）內的釀造所，才能將產品冠以Kölsch的名稱販售。其他酒廠則不允許使用這個名字，只能改以「Kölsch風格」「Kölsch Style」的方式標註（雖然市面上還是有一些自行冠上Kölsch名稱的啤酒⋯⋯）。

聽到科隆啤酒，可以聯想這樣的味道

柔順的口感中參雜著一絲果香。

味道清爽。

科隆

Früh Kölsch（Früh）

　　科隆啤酒的代表性品牌之一。帶
有一絲類似蘋果或西洋梨的果香。啤
酒花的苦味不強，清爽易飲。

 德國

◉ 老啤酒（Alt）

　　發源於德國的杜塞道夫。Alt在德文是「老」的意思，德國
將歷史比拉格型啤酒更悠久的啤酒統稱為老啤酒，不過一般說到
老啤酒時，指的都是發源自杜塞道夫、上層發酵的深色啤酒。

　　顏色大多是棕色，也喝得到一定程度的麥芽味。啤酒花的苦味依品牌而異，不過啤酒花的香氣不太聞得出來。和顏色給人的印象相比，口感意外地明快清新，尾韻俐落。

聽到老啤酒，可以聯想這樣的味道。

棕色酒液，喝得出麥芽味，
但以艾爾啤酒而言算是口感清新。

老啤酒

Baeren Alt（Baeren釀造所）

　　在岩手縣盛岡市釀造的老啤酒。帶有烘烤過的香氣，味道滑順醇厚。來自麥芽的甜味和啤酒花的輕微苦味，交織出絕妙的滋味。

岩手縣

◉ 季節啤酒（Saison）

在比利時和法國某些地區，農民為了在夏天補充水分，會釀造一種上層發酵啤酒，就是季節啤酒。在冷藏設備尚未問世的年代，人們都會在初春的農閒期間釀造。

為了增加防腐效果，很多季節啤酒都會添加大量的啤酒花，喝起來帶有水果味，不過每戶農家的配方都不一樣，所以味道也各有差異。一般認為，季節啤酒以前的酒精度數約在5%左右，而現在世界各地釀造的季節啤酒，酒精度數則介於4.5～8.5%不等。另外，也有些季節啤酒會添加小麥和香料，因此很難替它的味道下一個概括的定義，這是很有意思的一點。

一樣的類型，到了法國則稱為Biere De Garde，有時也會統稱為農家艾爾啤酒。

聽到季節啤酒，可以聯想這樣的味道

雖然在味道上沒有既定的明確風格，
但基本上麥芽味不重，
多帶有果香和香料味。

讓人想到柑橘類和香料的氣味

季節啤酒

Saison Dupont（Dupont釀酒廠）

　　季節啤酒的代表性品牌。
特徵是啤酒花帶來的檸檬、柑
橘或蘋果的香氣及香料味。麥
芽的鮮味和啤酒花的苦味取得
了絕佳的平衡。

比利時

◉ 比利時艾爾白啤酒（Belgian White Ale）

　　比利時艾爾白啤酒是源自比利時、使用小麥釀造的啤酒。

　　特徵是小麥的蛋白質造成的白濁感和純白泡沫。同樣使用小
麥，德國的小麥啤酒用的是小麥芽，比利時艾爾白啤酒用的則是
未發芽的小麥。

　　另外，比利時艾爾白啤酒大多會添加橘皮和芫荽當作副原
料，所以帶有果香或香料的氣味，這也是另一個迷人之處。

最早的比利時艾爾白啤酒，由比利時的豪格登村（Hoegaarden）釀造。這個小村莊曾有多達35間的艾爾啤酒釀造所，後來逐漸沒落。讓這些釀造所東山再起的人，是皮耶・塞利斯（Pierre Celis）。這款由他所復興的啤酒，就是備受全世界喜愛的Hoegaarden White。

另外，除了標示為Belgian White Ale，也有Belgian White、Wit的標示法，基本上可以把它們視為同一種啤酒類型。

聽到比利時艾爾白啤酒，可以聯想這樣的味道

苦味喝不太出來，
清爽的柑橘味和淡淡的香料味是其特徵。

大多會使用橘皮
和芫荽籽

比利時艾爾白啤酒

Hoegaarden White

　　具有橘皮和芫荽交織而成的香氣，以及帶酸的水果味，喝起來清新爽口。

◉ 比利時烈性艾爾（Belgian Strong Ale）

　　酒精度數高的比利時艾爾啤酒的總稱，分為淺色系、深色系和其他烈性艾爾。

　　雖說如此，並非每一種比利時的艾爾啤酒都能明確歸類到特定的類型，有的好像對每種類型的定義都有部分相似，卻又都不完全符合。如果要硬要將這些啤酒分類並舉出特徵，以淺色系的比利時烈性艾爾來說，不論是麥芽或啤酒花的風味都不是很濃郁，口感也輕盈。酒精度數超過7%，但喝起來沒有想像中烈，小心不要喝過頭了。

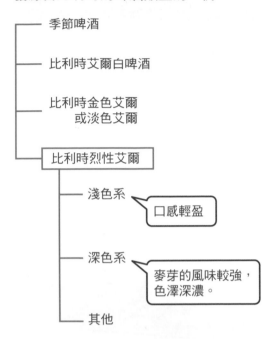

發源自比利時的啤酒類型的一例

- 季節啤酒
- 比利時艾爾白啤酒
- 比利時金色艾爾
  或淡色艾爾
- 比利時烈性艾爾
  - 淺色系 — 口感輕盈
  - 深色系 — 麥芽的風味較強，色澤深濃。
  - 其他

深色的比利時烈性艾爾也具備類似特徵，差異在於顏色比較深，麥芽風味更明顯。

其他不易分辨的啤酒類型，還包括比利時金色艾爾（Belgian Blond Ale）和比利時淡色艾爾（Belgian Pale Ale），這些啤酒的酒精度數較低，較能突顯啤酒花的特色。雖然各個啤酒類型之間，已經設立了明確的指標，實際上要正確區分還是很困難的。比利時風格的啤酒中，有不少都難以畫分類型，沒喝過的人因此很難想像它的味道，但這也正是它的魅力之一吧。

從比利時烈性艾爾這個名稱可以想像得到的味道

喝起來不會覺得酒精度數高。

具麥芽的甜味，但啤酒花的氣味較弱。

如果是深色系的啤酒，麥芽氣味會比較明顯。

比利時烈性艾爾（淺色系）

Duvel（Duvel Moortgat）

　　外觀是淡金色，酒精度數是8.5%。喝起來有種混合了檸檬或丁香等的複雜味道，不過也能嘗到一股溫和的甜味，口感佳。

比利時

比利時烈性艾爾（深色系）

迪力黑啤酒 Delirium Nocturnum（Huyghe釀酒廠）

　　深棕色的啤酒。喝起來有葡萄乾、香草、肉桂的味道。烘烤過的麥芽苦味和鮮味，撐起9%的酒精度數。

比利時

◉ 比利時雙倍啤酒（Belgian Double）

　　主要在比利時的修道院裡釀造，顏色從茶色到焦茶色都有，酒精度數約6、7%。特徵是喝得出甜味，帶有焦糖和巧克力的風味。也會標記為Dubbel。

　　既然有雙倍，自然也有單倍（Single）和3倍（Triple）。以Single使用的麥汁的初期比重為基準，2倍的就是Double，3倍的就是Triple。麥汁的初期比重會影響酒精度數，Single約是3.3%，Double約是6%，Triple約是9%。另外，Single只會在修道院裡飲用，市面上不會流通。

看到比利時雙倍啤酒能夠想像得到的味道
麥芽經過烘烤，帶來焦糖般的風味。
酒精度數偏高。

比利時雙倍啤酒

Brugse Zot Dubbel（半月啤酒廠）

　　散發有如葡萄乾、李子的成熟風味，和烘烤過的苦味交織成複雜的滋味。酒精度數有7.5%，但喝起來並不覺得有這麼烈。

比利時

◉ 比利時3倍啤酒（Belgian Triple）

　　主要在比利時的修道院裡釀造，色澤金黃，酒精度數約9%。如前項「比利時雙倍啤酒」所述，3倍啤酒的麥汁的初期比重是Single的3倍，酒精度數也較高，達9%左右。也會標記為Tripel。

　　另外還有酒精度數更高的Quadruple（Quadrupel），大多是深色系啤酒。酒精度數約為11%，味道厚實。

　　　　聽到比利時3倍啤酒，可以聯想這樣的味道

啤酒的顏色金黃，甜味和酸味的比例恰到好處。
酒精度數偏高，有時候還喝得到酵母的辛辣感。

比利時3倍啤酒

Westmalle Tripel（Westmalle修道院）

　　酒精度數高的金黃色啤酒，地位宛如Triple的始祖。柑橘類的果香和酵母帶來的辛辣感並存。甜味、苦味、酸味保持了完美的平衡。

比利時

◉ 法蘭德斯艾爾（Flanders Ale）

　　法蘭德斯是以比利時西部為中心的地區，而法蘭德斯艾爾是一個總稱，代表這個地區以傳統製法釀造的啤酒，可大略分為法蘭德斯紅艾爾（Flanders Red Ale）和法蘭德斯棕艾爾（Flanders Brown Ale）。

　　法蘭德斯紅艾爾會在橡木桶裡熟成將近2年，在桶內乳酸菌等成分的作用下，帶有強烈的酸味。喝起來也有櫻桃的風味，麥芽和啤酒花的味道並不是很明顯。法蘭德斯棕艾爾和法蘭德斯紅艾爾一樣，特徵都是酸味很強，不過前者使用了深色麥芽，所以麥芽的風味也很突出。

聽到法蘭德斯艾爾，可以聯想這樣的味道

**特徵是在宛如櫻桃的強烈酸味中帶著一絲甜味。
棕艾爾的麥芽感更重。**

法蘭德斯紅艾爾

Duchesse de Bourgogne

（Verhaeghe釀酒廠）

　　法蘭德斯紅艾爾的代表性品牌。橡木桶熟成的酸味和櫻桃般的甜味形成絕妙平衡，創造出獨特的口味。

比利時

◉ 淡色艾爾（Pale Ale）

淡色艾爾是誕生於英國小城特倫特河畔柏頓（Burton-on-Trent）的一種亮銅色艾爾啤酒，酒精度數是5%左右。

「Pale」是「（顏色）淺、淡」的意思，不過淡色艾爾的顏色還是比金黃色的皮爾森再深一點。實際上，在英式淡色艾爾（English Pale Ale）誕生的17世紀當時，民眾喜歡的是深色啤酒，所以即使呈亮銅色，還是被視為顏色偏淺的啤酒。

現在的淡色艾爾，可大致分為英式（English Style）和美式（American Style）兩種。差異在於兩者使用的啤酒花不同。

英式淡色艾爾使用的是英國產的啤酒花，帶有大吉嶺和青草般的香氣，而酵母則貢獻了水果般的風味，是一種相當迷人的啤酒類型。

淡色艾爾後來被引進美國後，改用帶柑橘類華麗香氣的美國產啤酒花，釀造出來的便是美式淡色艾爾。啤酒花的苦味也比英式更明顯。

另外，除了英式和美式，也有幾款冠上國家名稱的淡色艾爾啤酒。基本上，這些啤酒都是使用該國或具當地特色的啤酒花所釀造。唯獨比利時類型（Belgian Style）的淡色艾爾，相較於啤酒花的表現，重點往往更放在比利時的酵母帶來的辛辣感。

聽到淡色艾爾，可以聯想這樣的味道

**顏色接近亮銅色。特色是微弱的麥芽味，
以及突顯啤酒花特色的果香味。**

英式淡色艾爾

London Pride（Fullers）

英式淡色艾爾的代表性品牌。特徵是英國
產啤酒花帶來的紅茶芬芳，與麥芽
的甜味完美搭配。口感滑順易飲。

美式淡色艾爾

Sierra Nevada（Sierra Nevada Brewing）

使用美國啤酒花Cascade的先驅，釀出來的啤酒帶有
葡萄柚和柳橙的果香。麥芽的甜味和啤酒花的苦味取得恰到
好處的平衡，可謂是美式啤
酒的範本。

◉ 印度淡色艾爾（IPA）

把印度淡色艾爾視為引領今日精釀啤酒熱潮的角色，一點也不為過。印度淡色艾爾的全名是 India Pale Ale，但大多簡稱為IPA。首先，我想先說明India這個命名的由來。

看到India加上Pale Ale的組合，應該不難猜出IPA是從Pale Ale（淡色艾爾）衍生出來的啤酒類型。

18世界末的印度是英國的殖民地，有許多英國人居住在此。為了方便將啤酒從英國運往印度，供給當地英國人飲用，便誕生了IPA這種啤酒。

請各位參照下方的地圖。當時從英國前往印度，只有一條航路可走。

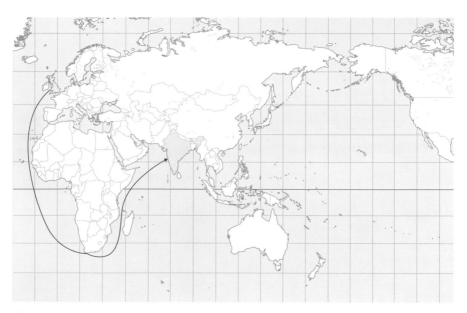

英國和印度之間的航路。

從英國出發後，首先南下到非洲大陸西側，繞過好望角再北上至非洲大陸東側，最後橫渡阿拉伯海抵達印度。這樣的路徑，需要通過赤道2次。

應該不難想像，這樣的路線會經過許多非常炎熱的地區。當年，從英國到印度的航程需耗時5～6個月，好不容易運抵印度，當地的天氣也十分酷熱。可想而知，啤酒的品質自然會大幅下降。

於是為了避免啤酒腐壞，英國人便在啤酒裡添加了大量具有防腐效果的啤酒花。啤酒花內的成分會讓啤酒出現苦味，所以加得愈多，苦味愈強。另外，為了進一步抑制雜菌繁殖，酒精度數也調得比較高。

不過，IPA的由來還有另一種說法，認為倫敦一帶原本就有人在釀造啤酒花苦味較濃、酒精度數也高的啤酒，因此被選為送到印度的理想啤酒。看來無論哪一種說法，啤酒都是從英國送到印度的沒錯。

另外，和淡色艾爾一樣，IPA也依使用的啤酒花不同，分為英式和美式等類型，其下又分別再衍生出幾種啤酒類型。

例如酒精度數更高的Double IPA（Imperial IPA）；還有從2016年年底開始流行，外觀混濁、喝起來果汁感十足的New England IPA（又稱Hazy IPA、Juicy IPA）；以及從2018年開始蔚為話題，降低了糖度、喝起來沒有甜味的Brut IPA（Brut指幾乎不含糖的甜度）等。持續進化、不斷蛻變，或許也可說是IPA的特徵之一。

聽到IPA，可以聯想這樣的味道

酒精度數稍高，苦味強烈。
以麥芽的甜味取得整體的平衡。

美式IPA

Islander IPA（Coronado Brewing）

　　特徵是以扎實的麥芽味為基底，緩慢釋放出強烈的苦味。但仍有葡萄柚和芒果果香增添了清新感，可以輕鬆入口。

加州

Double IPA

W-IPA（箕面啤酒）

　　在日本大阪府箕面市釀造的Double IPA。喝得出來自啤酒花的柑橘香氣和明顯的苦味，濃密的麥芽香氣撐起9%的酒精度數。

大阪府

◉ 波特（Porter）

　　波特是上層發酵深色啤酒的代表類型。18世紀的英國，有一種名為Three Thread的混合啤酒，製作方法是將多種啤酒混合調製後飲用。後來，有酒商改用釀造（而非事後混合）的方式忠實重現了這種啤酒的風味，製成的Entire啤酒大受搬運工（Porter）歡迎，最終形成了波特這種新的啤酒類型。波特啤酒的由來也有其他說法，不過上述是最常見的。

　　此外，波特還可分為棕色波特和Robusto波特，不過兩者並沒有明確的區分。棕色波特的顏色是深棕色，帶有焦糖和巧克力風味，而Robusto的色澤更深，喝起來有淡淡的烘烤味。不過，現在從市面上買到的波特啤酒，大多一律標示為「Porter」而已。

英國的酒吧是孕育啤酒文化的搖籃。　　　　　　　　　　照片：Garry Knight

聽到波特，可以聯想這樣的味道

近乎黑色，帶有淡淡的烘烤味。
也能嘗到適度的啤酒花苦味。

有些喝起來有巧克力般的風味

波特

東京Black（Yo-Ho Brewing）

　　巧克力般的烘烤香氣。麥芽的甜味造就了滑順的口感，除了適度的焦味，也喝得出啤酒花的苦味。

長野縣

◉ 司陶特（Stout）

司陶特是波特傳入愛爾蘭後再經改良的啤酒，當時稱為司陶特波特。Stout的意思是「堅固、頑強」，不難想見它的酒精度數比波特還高，不過，現在的司陶特已經沒有那麼烈了。

第一位釀造出司陶特的人，是健力士啤酒廠的創始者亞瑟·健力士（Arthur Guinness）。當時的政府會徵收麥芽稅，所以為了節省稅金，他在啤酒中加入了未發芽的烘烤大麥（波特使用的是烘烤過的麥芽）。結果，釀出的啤酒帶有咖啡般的強烈苦味，大受歡迎。後來，司陶特也從愛爾蘭逐漸推廣到全世界。

司陶特的特徵是帶有咖啡般的風味和輕微的酸味。司陶特也可再細分為幾種類型，除了健力士當初釀造的Dry Stout，還有烘烤苦味不甚明顯的Sweet Stout、添加乳糖的牛奶司陶特（Milk Stout）、酒精度數高的Imperial Stout等。

聽到司陶特，可以聯想這樣的味道

顏色漆黑、濃濃的烘烤味。
有如咖啡的風味和輕微的酸味。

咖啡般的風味是其特色所在

Dry Stout

Guinness Extra Stout（健力士）

　　Dry Stout 的代表性品牌。顏色漆黑，口感卻相當滑順，尾韻也不帶甜味。豐富的泡沫是魅力之一。

愛爾蘭

牛奶司陶特

Milk Stout nitro（Left Hand）

　　加入乳糖的司陶特。特徵是帶有牛奶巧克力或香草般的風味。加的不是二氧化碳而是氮氣，創造出驚人的圓潤口感。

科羅拉多州

◉ 大麥酒（Barley Wine）

雖然名稱裡有Wine，想當然爾，它還是一種啤酒，而非葡萄酒。Barley是大麥，Wine則是形容這款啤酒的酒精度數較高，媲美葡萄酒。有些大麥酒的酒精度數可達8%～12%，不過，為了和酒精的刺激性取得平衡，甜味也調整得比較高。酒液呈現棕色，啤酒花的苦味也在其中取得良好的平衡，是大麥酒的另一特色。

依照使用的啤酒花種類，大麥酒也可分為英式和美式。不過兩者並沒有明確的區分，在市面購買的大麥酒，多數也不會特別標示。

聽到大麥酒，可以聯想這樣的味道

**呈現棕色或更深的顏色。甜味重，
舌頭能感受到酒精的刺激。**

大麥酒

el Diablo（Sankt Gallen）

麥芽的甜味和酒精感都很有分量。帶有白蘭地般的風味，可以在瓶內繼續熟成。賞味期限是5年，每年限量發售，開賣日是11月的第3個星期四。

神奈川縣

其他

◉ 蘭比克（Lambic）

特徵是媲美檸檬和醋的明顯酸味，強烈到讓人忍不住懷疑這不是啤酒，可能不是普羅大眾都能接受的口味。

蘭比克是位於比利時布魯塞爾及其西南部的地區，蘭比克啤酒只會在當地的塞納河流域釀造。一般釀造啤酒時，都會儘量控管避免雜菌汙染，但蘭比克啤酒卻反其道而行。當地的釀酒廠在冷卻麥汁時，會讓外部的空氣進入，好讓野生酵母進入麥汁。把麥汁裝入木桶，使其發酵、熟成3年後，就是蘭比克啤酒了。

據說當麥汁暴露於空氣中時，會有多達80種以上的野生酵母進入麥汁，其中賦予蘭比克特徵的，是一種名為酒香酵母（Brettanomyces）的酵母。這種酵母替啤酒增添了一股具辨識性的氣味，也有人說是動物騷味。

另外，蘭比克啤酒幾乎沒有人直接飲用。以啤酒類型而言，可以區分為將新舊蘭比克調和而成的Gueuze；加了砂糖、變得容易入口的Faro，以及加了櫻桃的Kriek。對於下一項介紹的水果啤酒來說，蘭比克也是經常當作基酒使用的類型。

聽到蘭比克，可以聯想這樣的味道
有如檸檬汁和醋的強烈酸味。
幾乎喝不出甜味，尾韻也不會回甘。

蘭比克

Cantillon Gueuze（Cantillon釀酒廠）

特徵是檸檬般的香氣，以及強烈卻不至於嗆鼻的澄淨酸味。苦味和甜味都不明顯，尾韻也不會回甘。

比利時

◉ 水果啤酒、Field Beer

以水果為副原料的啤酒，就稱為水果啤酒。包括拉格和艾爾啤酒在內，任何一種啤酒都可以當作基酒使用。無論用什麼方式發酵，只要添加了水果，就會被歸類為水果啤酒。

另外，添加水果的時間點也很多變，可以加入麥汁一起煮沸，也可以等發酵後再加入酒汁浸漬等。

使用的水果種類也很多元，包括櫻桃、覆盆子、桃子等。以比利時的水果啤酒而言，常見的作法是以自然發酵的蘭比克啤酒為基底，再加入水果浸漬。

把水果換成蔬菜的啤酒稱為Field Beer。此外，也有使用地瓜或椰子釀造的啤酒。

聽到水果啤酒、Field Beer，可以聯想這樣的味道

啤酒的滋味充分反映了原料水果、蔬菜的特色。

水果啤酒

湘南黃金啤酒（Sankt Gallen）

　　日本神奈川縣開發的這款水果啤酒，使用了整顆湘南黃金柑橘釀造。從香氣到尾韻，都充滿柳橙的果汁感。

神奈川縣

Field Beer

COEDO紅赤-Beniaka-（COEDO Brewery）

　　使用了川越的紅赤地瓜做為原料，但並不至於充滿濃濃的地瓜味，依然保持了啤酒滋味的良好平衡。

埼玉縣

◉ Session Beer

Session Beer 就是具備原有啤酒類型的特徵，唯獨將酒精度數調低的啤酒（酒精度數大多低於5%），無關乎是採用上層發酵或下層發酵。

例如 Session IPA，就是保有 IPA 特有的強烈苦味和香氣，但酒精度數低於5%的啤酒。命名方式就是在原先的啤酒類型前面加上「Session」，至於發酵方式則不受限制。

雖說如此，會冠上 Session 的啤酒類型幾乎都是 Session IPA。

聽到 Session，可以聯想這樣的味道

口感比原有的啤酒類型更輕盈。

酒精度數也較低，容易入喉。

Session Beer

All Day IPA（Founfers）

　　地位堪稱 Session IPA 的元老。酒精度數只有4.7%左右，但該有的麥芽味和啤酒花的苦味都一應俱全。葡萄柚帶來的芳香氣味更添清新。

密西根州

◉ 煙燻啤酒（Smoked Beer）

如字面所述，使用煙燻過的麥芽製作的啤酒，統稱為煙燻啤酒。煙燻啤酒的類型在德國稱為 Rauch，除了有使用煙燻麥芽釀造的 Märzen Rauch，還有以小麥啤酒為基底的 Weizen Rauch 等。

煙燻啤酒因為使用了煙燻麥芽，顏色大多很深。煙燻啤酒並不單純只有煙燻味，也能充分發揮原有啤酒類型的滋味，和煙燻風味完美融合。

聽到煙燻啤酒，可以聯想這樣的味道

最大的特徵就是煙燻味。

不過煙燻感不會喧賓奪主，而是完美地融於整體中。

Smoked Beer

Schlenkerla Rauchbier Märzen（Heller 釀酒廠）

以 Märzen 為基底的煙燻啤酒。
煙燻的香氣中帶有咖啡般的風味，
和麥芽的甜味取得完美平衡。

德國

◉ 特拉比斯特修道院啤酒（Trappists Beer）

　　只要在特拉比斯特修道院釀造的啤酒，都統稱為特拉比斯特修道院啤酒。因此，這種啤酒並不屬於啤酒類型之一，不過還是在此稍做介紹。

　　生產特拉比斯特啤酒的修道院酒廠，全世界共有11間（比利時6間、荷蘭2間、奧地利1間、義大利1間、美國1間）。這些冠上特拉比斯特之名的啤酒，酒標上都印有「Authentic Trappist Product」的標誌。

　　日本有進口其中7間酒廠的商品，包括Chimay、Orval、Rochefort、Westmalle、Achel（以上來自比利時）、La Trappe（荷蘭）和Gregorius（奧地利）。每一間的啤酒各有特色，但總歸來說，酒精度數大多偏高。

特拉比斯特修道院啤酒

Orval（Orval修道院）

　　洋溢著柑橘類和蘋果的馥郁香氣。麥芽的鮮味和酸味取得絕佳的平衡。啤酒花的苦味強、甜味少，所以尾韻也不會回甘。

比利時

第 5 章

如何挑選自己喜歡的啤酒

從酒標的資訊揣摩啤酒的味道

第4章介紹了各種啤酒類型，不知道各位印象最深刻的是哪一種呢？這些啤酒類型不過是眾多類型的一部分，其他還有許多類型未能一一介紹，也有的啤酒無法歸類於現有的類型中。

世界上的啤酒種類多不勝數，當喝酒的興致一來，想認真好好挑選一款來品嘗的時候，相信很多人都不知該如何下手。如果能夠挑到一款當下剛好想喝的啤酒，自然再好不過；但如果對啤酒的味道毫無概念，就很難根據自己的心情挑選合適的啤酒。

因此，接下來我想為各位介紹如何從酒標的資訊，揣摩啤酒大概是什麼味道。基本上是延續第4章的啤酒類型，各位可以隨時翻回前一章確認內容，再試著下判斷。

◉ 從酒標上的啤酒類型下判斷

好像有點多此一言，不過這是很快速輕鬆的判斷方式。有些啤酒的標籤和商品名會標示出啤酒類型，可以做為判斷的依據。例如「○○小麥啤酒」或「○○淡色艾爾」等，由於直接寫出了啤酒類型，就能毫不費力地揣摩出它的味道。

尤其是小麥啤酒和淡色艾爾，是多數釀造廠都有生產的類型。只要喝過幾間釀酒廠的淡色艾爾，應該就能在淡色艾爾的味道上找出一個最大公約數。再把這個最大公約數當作基準，就能輕鬆掌握每個釀酒廠的不同之處。例如A廠的淡色艾爾苦味稍濃，而B廠的甜味較強等。

◉ 從既有的啤酒類型出發，想像其變型的模樣

　　與單純從既有的啤酒類型判斷相比，這種方式的難度會稍微高一點。因為是既有啤酒類型的變化型，其滋味如何，也就沒有說明書可供參考。

　　舉例來說，COEDO Brewery 推出了一款名為 COEDO 伽羅 -Kyara- 的啤酒，被標示為「India Pale Lager」。說到「India Pale」，後面通常是接「Ale」，但這款啤酒卻變成「Lager」。而在正式的啤酒分類中，並沒有 India Pale Lager 這個類型。即便如此，像 India Pale Lager（IPL）這種變化型的啤酒，生產的釀酒廠卻是超乎想像地多。

COEDO 伽羅 -Kyara-（COEDO Brewery）

所謂的IPL，就是以拉格酵母釀造出具備IPA特徵的啤酒。如果各位知道IPA具備哪些特徵，大概也能想像IPL會是什麼樣的啤酒。

另外，如果對艾爾和拉格的特徵都有基本的認識，應該不難想像拉格的味道會比艾爾銳利一些。如此一來就能推測，IPL是具備IPA特徵的拉格，味道則相對比較嗆一點。

但是實際喝了一些廠牌的IPL會發現，有時候光靠味道，很難判斷到底是艾爾還是拉格。因為有時釀酒廠會為了中和苦味而增加甜度，使拉格的口感沒有原本那麼尖銳。我想，只要大概記住IPA和IPL都是「酒精度數偏高，強烈的苦味與麥芽甜味取得平衡的啤酒」就可以了。

如上所述，只要對既有的啤酒類型有點概念，就能想像各種變化形態的味道。或許想像和實際的味道有出入，但還是可以判斷出大致的屬性方向。

◉ 認識表現味道的關鍵字

這個想法和前一項的想法相似，且讓我們稍微再細分下去。

或許有人認為，上述內容就足以表達IPA和IPL的味道了，問題是，啤酒類型經常還會和其他關鍵字同時出現。如果在了解啤酒類型後，也能進一步掌握這些關鍵字的意思，在揣摩啤酒的味道時會得到更多線索，也能夠當作選擇啤酒的判斷基準。

舉例來說，假設這裡有Wheat IPA、Rye IPA、Black IPA這3款啤酒。IPA是啤酒類型沒錯，但上述的Wheat IPA、Rye IPA、Black IPA並不是啤酒類型。

Wheat IPA的味道應該比較容易想像。Wheat是小麥，所以

Wheat IPA 就是使用小麥釀造的 IPA。除了 IPA 本身的特徵外，也兼具一點小麥溫潤、略酸的特色，外觀也稍微呈現白濁狀。

　　Rye IPA 也一樣。Rye 是黑麥，可以替 IPA 增添一絲大麥和小麥都沒有的辛辣氣息。

　　最後是 Black IPA，味道應該也不難想像，但如果過度解讀關鍵字，就會自相矛盾。將這款啤酒的全名拆解為 Black、

收成前的小麥。　　　　　　　　初夏的黑麥。　　　　　　照片：Neurovelho

India、Pale、Ale 4個關鍵字，會發現Pale（淡）這個字，竟和意象完全相反的Black同時存在。因為IPA本身是「酒精度數偏高，強烈的苦味與麥芽甜味取得平衡的啤酒」的專有名詞，已經不具備單純的「Pale」的意思。因此照這個邏輯推斷，我們可以想像所謂的Black IPA，就是使用黑麥芽或烘烤麥芽釀造而成的黑色啤酒。

再舉一個例子吧。

從American Wheat的標示中，會想像出什麼樣的味道呢？

如同在美式IPA等項目說明的內容，美式啤酒的特徵就是使用美國產的啤酒花，帶有招牌的柑橘香氣。所以，American Wheat自然也使用了美國產啤酒花，再加入小麥釀造而成。換言之，我們可以想像這款啤酒既帶有柑橘類的香氣，也喝得出來自小麥的酸味和舒服的溫潤感。

為了方便了解，我把關鍵字代表的意思和味道做成一覽表，請見下頁。只要解讀這些排列組合，就可以知道是什麼樣的啤酒了。

例如，假設有一款叫「Barrel-Aged American-Style Imperial Sour IPA」的啤酒（虛構啤酒，不知實際上是否存在）。只要一一解讀關鍵字，就能揣摩出它的味道。

將每個關鍵字拆開，個別的意思如下：

Barrel-Aged：在木桶裡長期熟成。

American-Style：使用美國產（帶有柑橘香氣的）啤酒花。

Imperial：高酒精度數。

Sour：酸味強烈。

IPA：帶有強烈苦味的啤酒。

拆解關鍵字有助於我們揣摩啤酒的味道。請參考下列的一覽表，當作味道的判斷基準。

表現國家、地區的關鍵字

關鍵字	意思、味道
American	使用美國產的啤酒花。主要特徵是帶有柑橘類香氣。
English	使用英國產的啤酒花。主要特徵是帶有青草和大吉嶺茶的香氣。
International	使用美國和英國以外產地的啤酒花，或者將傳統類型加以改良等，往往不受既有的框架束縛。
Oceania（大洋洲）	使用大洋洲（澳洲、紐西蘭）產的啤酒花。
New England（新英格蘭）	位於美國東北部的地區。可以從發源自此地的New England IPA想像其味道。質地混濁、苦味少，但啤酒花的香氣很濃。
Belgian	和比利時類型啤酒使用同樣的酵母，喝得出來自酵母的辛辣滋味。
Russian 俄羅斯	主要出現在「Russia Imperial Stout」上。意味著這是酒精度數高的司陶特。

表現味道強弱的關鍵字

關鍵字	意思、味道
IBU	International Bitterness Unit（國際苦味單位）的縮寫。以啤酒花內含的苦味成分為計算基準，表示苦味的程度。啤酒大廠出品的皮爾森啤酒，IBU大多在20左右，IPA則會達到50以上。不過這畢竟只是數值，不一定符合實際上感受到的苦味。
Imperial	提高酒精度數的啤酒。意思和Double相同。這個字原本是用於進貢給俄國沙皇的「Russia Imperial Stout」，現在用來表示酒精度數提高的意思，例如「Imperial IPA」。和Double幾乎同義。
Strong	主要以「Strong Ale」的型態出現，表示酒精度數高。
Session	保留了既有啤酒類型的特徵，但酒精度數在5%以下的啤酒。
Double	意思等同於Imperial。不過比利時啤酒類型中的Double是不同的意思。

表現原料、製法的關鍵字

關鍵字	意思、味道
Amber	琥珀色的意思。大多表示明確的麥芽風味，帶有輕微的烘烤感。
Wheat	小麥的意思。特徵包括白濁的酒液、帶有淡淡的酸味、口感圓潤易飲等。和Wit、White是同樣的意思。
Grand Cru	在葡萄酒領域表示最高等級的葡萄園，但用於啤酒時，則表示該品牌的最高等級。大多用於比利時啤酒，酒精度數偏高。
Kristall / Crystal	主要用於小麥（Weizen）啤酒。和有酵母殘留、質地白濁的Hefeweizen相比，Kristallweizen的質地較為清透。

Christmas	耶誕節販售的啤酒。大多顏色深濃、酒精度數高。有些會添加香料，調和出複雜的風味。
Golden	金黃色的啤酒。大多沒有混濁沉澱，口感輕盈。
Sour	酸味強烈的啤酒的總稱。酸味來自於像蘭比克啤酒的自然發酵，或是木桶熟成時的乳酸菌作用。
Dark	近乎漆黑的色澤。和 Black 的意思相同。
Dry Hop	在熟成階段加入啤酒花的方法。可以不添加啤酒花的苦味，而只替啤酒增添香氣。
Barrel-Aged	在木桶裡長期熟成的啤酒。大多屬於高酒精度數，麥芽甜味強的啤酒。
Brown	深茶色。麥芽的風味濃郁。
Black	黑色的啤酒。大多使用黑麥芽，帶有烘烤的味道。
Fruit	發揮水果特色的啤酒。有些會把水果當成發酵前的原料一起加入麥汁；也有些是在發酵後才加入果汁調和。
Hazy	混濁。和 New England 差不多，同樣都是質地混濁、苦味低，但啤酒花香氣明顯的啤酒。
Hefe	在德語中是酵母的意思。當作 Weizen 的接頭詞使用時，表示沒有過濾酵母，質地混濁。
Hoppy	意思是啤酒花的氣味很明顯。主要是針對香氣和苦味的表現，常用來描述柑橘類的氣味。
White	除了白色的意思，也表示使用了小麥。
Rye	黑麥。替啤酒增添獨特的辣意。
Lager	可以泛指所有的拉格型啤酒，但有時候也幾乎和皮爾森啤酒畫上等號。
Red	顏色從明亮的茶色到銅色都有。包括酸味強烈的法蘭德斯紅艾爾，以及口感輕盈、香氣較弱的愛爾蘭紅艾爾等。另外，Red 一詞也很有可能是指一種同時擁有豐富的啤酒花及麥芽味道、與美國琥珀艾爾相似的紅艾爾啤酒。

建立啤酒味道的標準

前面已經介紹了各種類型的啤酒滋味，以及揣摩其味道的方法。那麼，當我們已經能從酒標和品牌等資訊中，一定程度地掌握啤酒的味道後，該怎麼進一步選擇最適合自己的啤酒呢？

接下來要為各位介紹的，就是如何建立自己專屬的標準，以便更能享受啤酒的美味。我想說的，並不是「啤酒就一定要這樣喝才對」這種死板的準則。選擇啤酒時，當下的身體狀況和心情都會成為影響因素，視情況可以適度調整選擇的標準。

在說明建立標準和挑選啤酒的方法之前，希望先提醒各位，最重要的不是如何挑選，而是自己是否盡情享受了喝啤酒的樂趣。各位可以把接下來的內容，當作品味啤酒的方法之一即可。

◉ 第一步，是了解自己喜歡什麼

在進入如何挑選啤酒的正題之前，首先請各位先掌握自己的喜好。例如喜歡偏苦的啤酒嗎？還是喜歡偏甜的？掌握了一定程度以後，再找幾個可能符合條件的廠牌試喝看看。

喜歡苦味啤酒的話，我推薦從IPA試起；如果偏好烘烤過的焦苦味，波特和司陶特應該都是不錯的選擇。反之，如果不喜歡苦味，比利時艾爾白啤酒、小麥啤酒或水果啤酒，都是滿適合嘗試的類型。請各位參照第4章的啤酒類型，先嘗試幾種看看。

如果覺得不喜歡，再試試其他類型的啤酒吧。啤酒的味道非常多元，最起碼一定有一種適合自己的口味。如果找到喜歡的啤

酒，就再往同類型、不同廠牌的啤酒試試。如前所述，這樣就能逐漸掌握這個類型的最大公約數，建立專屬你個人的品酒標準。

◈ 以啤酒花的苦味為特色的啤酒

印度淡色艾爾（IPA）、淡色艾爾、皮爾森。

◈ 以烘烤的苦味為特色的啤酒

Schwarz、波特、司陶特。

◈ 苦味較少的啤酒

比利時艾爾白啤酒、小麥啤酒、水果啤酒、蘭比克。

◈ 以甜味為特色的啤酒

水果啤酒、大麥酒。

◎ 尋覓心儀的釀酒廠

找到一間自己喜歡的釀酒廠，然後喝遍它所有的啤酒，也是一種可行的辦法。選擇的標準很自由，例如想要支持自己家鄉在地的釀酒廠，或者偶然發現不錯的品牌等，沒有任何限制。如果找到一間對自己特別有意義、願意關注支持的啤酒廠，一定能為自己與啤酒的日常增添更多樂趣。

另外，就像找出特定啤酒類型的最大公約數，分析一間釀酒廠釀出滋味的最大公約數，也是充滿樂趣的事。即使一間釀酒廠會釀造 IPA、淡色艾爾、皮爾森、司陶特等多種類型的啤酒，不過在酵母、啤酒花和麥芽的種類與用法上，還是能找出共通的味道。在心中建立起一間釀酒廠的特徵基準，好處就是在喝到其他廠牌的啤酒時，能更容易分辨出其中的差異。

◎ 比起限定款，建立標準時應選擇常態款的啤酒

很多釀酒廠除了平時常態銷售的啤酒，還會推出只限定某段時期銷售的啤酒。例如使用當季素材釀造的啤酒，或者與其他釀酒廠推出的聯名限量款等。如果特別去留意這方面的訊息，就會發現限定款啤酒其實超乎想像地多。

不過我建議，在建立自己的味道標準、找到喜歡的類型之前，與其喝限定款啤酒，不妨多從常態款下手。當然，「限定」有其獨特的魅力，並不是不應該喝的意思。感受到「一旦錯過就機會不再」的價值，喝起來或許真的更享受。

不過希望各位了解的是，各家釀酒廠的限定款啤酒，都是建立在常態款啤酒已經站穩腳步的基礎上，才會進一步推出。從某個層面來說，限定款就像是變化球，如果已經掌握該釀酒廠常態

「Beer-Ma & Beer-Ma BAR北千住店」經手的啤酒超過1200種。神田店約有800
種，可供內用。

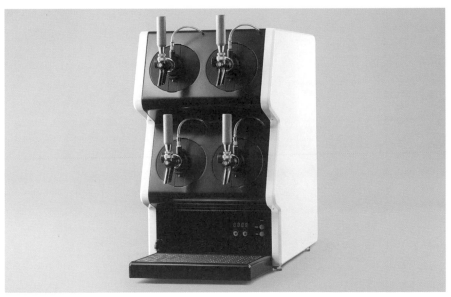

麒麟啤酒推出的精釀啤酒機「Tap Marché」。除了麒麟啤酒，也適用Yo-Ho
Brewing、伊勢角屋麥酒等品牌。體積小巧、不占空間，成為愈來愈多餐飲店家
的理想選擇。

款的特徵，或者對該限定款的啤酒類型知悉甚詳時，品嘗起來會更覺得格外有趣、耐人尋味。

舉例來說，假設有某間只以美式啤酒做為常態款的釀酒廠，打算釀造源自德國的小麥啤酒當作限定款商品。對於一無所知的消費者而言，與其直接購買限量推出的德國小麥啤酒，不如先掌握這間酒廠的常態款（如IPA）的味道後（即先了解該酒廠的基準），抱著「平常只生產美式啤酒的廠商，釀出來的德國小麥啤酒不知會是什麼味道」的想法來品嘗限定商品，喝起來會更有意思，也比較容易留下印象。

另外，如果是常喝小麥啤酒的人，應該已經對小麥啤酒的味道建立了品評的基準，品嘗時就能同時思考「這款啤酒和一般的小麥啤酒比起來，不知道有什麼差異」。

不少限定發售的啤酒都使用當季水果釀造，雖然非常迷人，但如果可以先認識同酒廠常態款啤酒的方向，品嘗時會更有樂趣（照片為示意圖）。

如上所述，在某種程度上建立起自己的基準之前，我認為比起限定款，常態款啤酒應該是更理想的選擇。正是因為有了基準，才更能享受變化球的樂趣，不是嗎？

另外，限定款還有一個問題：不是想喝就喝得到。畢竟是限定期間和數量的酒款，即使意猶未盡，也不保證還能再次買到。因此，若想建立自己對啤酒的標準，限定款可能不是最合適的選擇。

享用千載難逢、錯過不再的限定款啤酒，自然是很美妙的體驗。不過，如果各位還在建立自己對啤酒味道的基準，不知該選擇限定款或常態款時，還是推薦從常態款開始嘗試。

喝多種啤酒時的基本選擇方法

到啤酒吧或參加啤酒節之類的活動時，相信大家都不會只喝1杯啤酒吧？如果要連續喝好幾杯，基本上都是從口味清淡的啤酒開始喝，再逐步換成口味濃厚的啤酒。

如果一開始就喝重口味，味道就會殘留在舌頭上，這個道理也適用啤酒以外的飲食。舉例來說，如果第1杯喝的是苦味重的IPA，這個苦味就會一直停留在舌頭上，即使第2杯喝的是截然不同的比利時艾爾白啤酒，也可能嘗不出味道有何不同。同樣的道理，如果先喝了麥芽甜味強的大麥酒，再接著喝皮爾森，可能就喝不出皮爾森特有的麥芽細緻風味。

另外，大家在暢飲啤酒時，同樣要注意酒精度數的高低順

序。基本上要從酒精度數低的喝起，把濃度高的留到後面。酒精度數高的啤酒，除了酒精的刺激性較強，為了保持整體味道的協調，這類啤酒通常味道也會比較重。

除此之外，如稍後將在第7章介紹的，配合料理類型選擇適合的啤酒，也是不錯的做法。搭配油膩的下酒菜大口暢飲，不是享用啤酒的唯一方式。例如顏色淺的料理可以喝顏色淺的啤酒、深色的食物就選深色的啤酒搭配等，也是一種挑選啤酒的依據。

又或者，搭配肉類主菜時，啤酒花味較重、可以發揮提味效果的 IPA 應該是不錯的選擇；如果搭配餐後甜點的格子鬆餅，或許就可以考慮比利時艾爾白啤酒。重新檢視啤酒和食物的搭配，或許能讓你進入味覺的新世界。

第 6 章

如何讓啤酒更好喝

啤酒應避開光與熱

　　各位想過啤酒該如何保存嗎？其實，啤酒是一種怕光也怕熱的酒。為了保持啤酒的美味、避免品質惡化，啤酒買回家後請務必採取正確的方式存放。預防啤酒品質惡化兩大基本原則，就是避免接觸光與熱。

　　啤酒受到光照時，其中的苦味成分會變成一股難聞的味道，稱為光照臭。大家有沒有發現，啤酒瓶不是綠色就是棕色呢？理由就是為了儘量遮光，所以都使用有色而非透明的玻璃瓶。即便如此，還是無法百分之百隔絕光照，因此玻璃瓶裝的啤酒，還是請儘量放在無光照的地方。相較之下，罐裝啤酒就能夠完全隔絕光照，所以就維持品質的角度而言，罐裝比瓶裝理想。如果同一個品牌同時推出罐裝和瓶裝的啤酒，我想罐裝的味道應該比較美味。

　　另外，啤酒的品質也會受熱影響。如果把啤酒放置在高溫處，香氣會產生變化，釋放出一股類似瓦楞紙箱的味道。相對地，冷凍庫等溫度過低的地方，也會造成啤酒變質。請記得放在陰涼處保存。

　　要注意的是，沒有過濾酵母的啤酒，就需要冷藏保存了。這類啤酒的標籤會寫著「需要冷藏」，所以請務必冷藏保存，不可常溫保存或僅僅放在陰涼處。不過，如果放在冰箱門的層架上，開關門時的晃動會導致二氧化碳分離，因此最好放在裡面，避免被晃動影響。

經過上述說明，各位應該了解，為了維持啤酒的美味，保存上有些必須注意的細節。觀察啤酒的保存狀態，也可以知道店家對待啤酒是否用心。如果發現瓶裝啤酒被放置在日光直射處，或者需要冷藏的啤酒卻被放置在常溫下，那麼這家店恐怕很難找到品質優良的啤酒了。

啤酒買回家保存時，除了需要冷藏的品項外，其餘無需太過神經質，但一定要注意遠離光和熱。

依照啤酒類型，以適當的溫度飲用

或許有人覺得啤酒就是要冰得透心涼才對味，但其實我並不是很推薦這種喝法。

在酷暑大口暢飲冰涼的啤酒，確實是一大享受，不過就品嘗啤酒的角度而言，實在稱不太上是值得推薦的做法。包括啤酒在內，大部分的食物和飲料，如果在冷冰冰的狀態下品嘗，香氣和味道都會變得不明顯。即便麥芽的風味再濃郁，啤酒花的香氣再突出，一旦冰過頭，魅力都會跟著折損幾分。

啤酒的適飲溫度，依啤酒類型而異，各位不妨參考下列的溫度。基本上，拉格的適飲溫度偏低，而艾爾的適飲溫度則稍微高一點。

皮爾森：6度左右
IPA：10度左右
司陶特：12度左右
大麥酒：14度左右

　　冷藏庫的溫度一般設定在5度左右，所以皮爾森只要一從冰箱拿出來，差不多就可以喝了；至於IPA、司陶特和大麥酒，從冰箱拿出來後，或許放個10分鐘再喝會比較好（退冰的時間依氣溫而異）。

　　另外，有些啤酒會在酒標上標示出最佳飲用溫度，在這個溫度就能確保品嘗到好喝的啤酒。話雖如此，大家也不必太過嚴格地計較溫度。舉例而言，可以慢慢啜飲著冰涼的大麥酒，享受味道隨著溫度上升帶來的變化樂趣，也不失為一種品味啤酒的方式。

用乾淨的玻璃杯盛裝

　　請各位先建立這樣的認知：啤酒一定要倒在玻璃杯裡再喝。除非在戶外烤肉或露營時沒有玻璃杯，否則我都不建議各位直接以口就飲。理由是把啤酒倒進玻璃杯時，會適度排出二氧化碳，讓我們更容易感受到啤酒的香氣。

　　另外，或許有人覺得這是理所當然，不過使用乾淨的玻璃

杯，也是喝啤酒的必備條件。請盡量不要讓油脂沾附在啤酒杯上。如果可以，最好準備啤酒杯專用的清洗海綿，因為如果混用清洗其他餐具的海綿，會使餐具的油脂沾附到玻璃杯上。玻璃杯沾到油，就會使啤酒不容易起泡。清洗啤酒杯時，也請務必仔細沖洗，確保沒有清潔劑殘留。

　　清洗乾淨後，請讓玻璃杯自然風乾。如果用布擦拭，細小的纖維會沾附在玻璃上，注入啤酒時，氣泡就會附著在纖維上，影響啤酒本身的起泡程度。如果發現玻璃杯的內側產生很多氣泡，就表示有污垢或纖維殘留。

玻璃杯的外側有水滴出現，是因為內外溫度不一致。如果是內側附著了很多氣泡，則多半是由於杯內有污垢殘留，會影響啤酒本身的二氧化碳氣泡的起泡程度。

　　倒入啤酒前，請再度沖洗玻璃杯，讓玻璃杯的內壁保持有水分的狀態，有助於使啤酒順滑地流進杯裡。

試著用不同的玻璃杯喝

　　各位知道嗎？玻璃杯的形狀不同，感受味道的方式也會隨之改變。

　　無論用哪一種形狀的玻璃杯喝啤酒，當然都不是問題。不過，如果可以先了解各種形狀的玻璃杯特色，再試著改用不同形狀的玻璃杯喝啤酒，或許能夠進一步帶出啤酒的美味，甚至感受到使用其他玻璃杯時無法體會的風味。

　　如果不是在專賣啤酒的店家，而是在居酒屋等一般場合喝啤酒，使用的不外乎就是最常見的大把手啤酒杯、瘦長型玻璃杯，或是和瓶裝啤酒一起送上桌的小玻璃杯。不過，如果在比利時啤酒的專賣店，每個廠牌的啤酒都會有各自專用的玻璃杯。除了比利時啤酒外，有些品牌為了將啤酒的美味發揮到極致，也會設定相互搭配的玻璃杯。

　　另外，市面上啤酒專用的玻璃杯種類繁多，每種形狀的特色也各不相同。以下為各位介紹3個比較容易購得的款式。

◎ 皮爾森啤酒杯

瘦長型的玻璃杯，啤酒可以快速湧入口中，適合口感爽快的啤酒。另一個特點是比較不容易聞到香氣，味道會顯得比較銳利。

◎ 小麥啤酒杯

小麥啤酒專用的玻璃杯。和皮爾森啤酒杯一樣是長杯，差異在於下窄上圓。下半部的收窄造型可以固定住泡沫，延長泡沫層的維持時間。

◎ 鬱金香啤酒杯

形狀像鬱金香，適合品味啤酒的香氣。啤酒不要倒得太滿，大概到5分滿的程度即可，好把香氣封鎖在上半部。用鬱金香啤酒杯品飲時，鼻子會進入酒杯中，可以更加充分享受到香氣。

有些玻璃杯並沒有特定的名稱，各位只要從它們的形狀，判斷其具備的特徵就可以了。

如果希望喝到爽快銳利的口感，適合選擇瘦長的玻璃杯；如果希望品味更多的香氣，建議選擇杯口收窄、飲用時鼻子會進入杯內的款式；如果想慢慢啜飲高酒精度數的啤酒，則適合選擇聖杯型的酒杯，好讓啤酒慢慢流入口中每個角落。

我想，依照飲用的啤酒類型選擇形狀不同的杯子，能將啤酒的魅力發揮到極致，不過要備齊各種形狀的杯子，現實上恐怕有困難。配合自己喜歡的啤酒類型，選擇一個形狀最合適的杯子，也是不錯的折衷方案。如果還是陷入選擇困難，我建議不妨選擇萬用型的鬱金香啤酒杯。以我個人而言，不論是大麥酒還是皮爾森啤酒，我都是倒在鬱金香玻璃杯，好好享受。

當然，啤酒杯的選擇沒有正確答案，大可嘗試變化不同形狀的杯子，感受味道的差異。即使喝的是同一種啤酒，說不定也會有新發現。

改變倒啤酒的方法

倒法也會改變啤酒的滋味。啤酒的倒法很多，一言以蔽之，起泡的方式會影響啤酒的味道。

接下來，為各位介紹瓶裝和罐裝啤酒最具代表性的倒法之一，也就是「三次倒酒法」。如果討論到用一般店家的啤酒機注入啤酒的方式，又會有另一套不同的邏輯，但一般人接觸業務用

啤酒機的機會很少，所以在此略過不談。

　　所謂的三次倒酒法，適用於皮爾森啤酒，並搭配類似皮爾森啤酒杯的長型玻璃杯。

1. 一口氣把啤酒倒進杯裡，直到泡沫升高至杯緣處時，暫停倒酒。
2. 等待泡沫逐漸穩定，直到泡沫和液體的比例呈現5:5時，再繼續倒入啤酒。動作要比上一次輕柔，當泡沫快上升到杯緣前就停止倒酒。
3. 再次等待泡沫穩定，直到泡沫和液體的比例呈現4:6時，再繼續倒入啤酒。力道輕柔，把泡沫慢慢托高。當泡沫和液體的比例呈現3:7時，就完成了。

　　用這種方式倒啤酒，可以適度排除二氧化碳，讓口感變得更柔和。另外，這樣的泡沫不容易消散，可以發揮杯蓋的作用，讓液體不會接觸空氣而快速氧化。

　　另外，泡沫還有一項作用，就是吸附啤酒花的苦味成分─異葎草酮（isohumulone），也就減少了液體裡的苦味。換句話說，一開始喝啤酒的時候，苦味成分還附著在泡沫裡，喝起來比較不苦，但隨著時間過去，就會慢慢愈喝愈苦。從最初的清爽口感，到逐漸增加的苦味，這樣的變化也是值得細細品味的樂趣。

　　不過，並非所有啤酒類型都適合這種倒法。小麥啤酒的泡沫原本就很豐富，所以如果也用三次倒酒法，泡沫直到最後都不會消失。倒小麥啤酒時，要先稍微傾斜杯子，倒入8成的酒液，再

擺正杯身，倒完最後的2成。要注意的是，如果是酵母小麥啤酒，由於酵母會沉澱在啤酒瓶底，所以倒出最後的2成酒液前，要先稍微搖晃瓶身，讓啤酒充分混合，再連同酵母一起倒出。

另外，各位也可以嘗試慢慢把啤酒倒進玻璃杯，儘量不讓泡沫產生的倒法。碳酸和啤酒花的苦味會直接進入口中，可以體會銳利的口感。不妨和三次倒酒法的口感比較看看，應該也是挺有趣的經驗。

透過熟成演變出新滋味

趁新鮮喝，幾乎是適用所有啤酒的準則。請把啤酒當成一種生物對待。啤酒從釀酒廠出貨後，味道會慢慢改變，如果不像前面所說地妥善存放、避開光與熱的話，啤酒變質的速度會快到超乎想像。

德國有這麼一種說法，認為「啤酒要在看得見釀酒廠煙囪的範圍內飲用」。換言之，如果超出了這一點範圍，就喝不到好喝的啤酒了。當然，現在的冷藏管理和運送設備都很發達，即使身在日本，也喝得到德國釀造的美味啤酒。不過從這樣的說法中，我們也不難理解新鮮度對啤酒的重要性。

然而，也有些啤酒反其道而行。

在第1章已稍微提過，有些啤酒可以在瓶內熟成，經由長達數年的時間熟成後，味道也會改變。以日本國內的啤酒而言，那須高原啤酒公司出品的Nine Tailed Fox就是標準的例子。這款啤

酒的保存期限是25年，在這段期間，味道會隨著熟成逐漸變化。酒精度數11%，口感醇厚，就像人的個性一樣，原本銳利的味道會隨著歲月慢慢磨得圓融滑順。

既然是歷經漫長的歲月才熟成完畢的啤酒，各位不妨把它當作慶祝人生重大喜事的紀念酒。例如在結婚或孩子出生時，購買該年的Nine Tailed Fox，等到10年、20年後的紀念日再開瓶共享。

Nine Tailed Fox（那須高原啤酒）

除了Nine Tailed Fox，其他可以在瓶內熟成數年的品牌還有Chimay Blue和Chimay Grande Réserve（皆由斯庫蒙修道院出品）、Orval（Orval修道院）、Samichlaus（Schloss Eggenberg），以及el Diablo（Sankt Gallen）等，熟成年份依品牌而異。這些啤酒的共通點是酒精度數高、味道厚實，並不適合大口暢飲。

在很多人的印象中，啤酒不像葡萄酒和威士忌可以長期熟成，一定要趁新鮮喝完，殊不知其實也有具備陳年價值的啤酒。這讓我們再次見識到啤酒的多樣性，也是啤酒的魅力之一吧！

不過，容我再次提醒各位：幾乎所有的啤酒，都還是要趁新鮮喝完。掌握啤酒的適飲期，也是品嘗啤酒美味的必備條件。

Chimay Grande Réserve
（斯庫蒙修道院）

Orval（Orval 修道院）

Samichlaus（Schloss Eggenberg）

el Diablo（Sankt Gallen）

第 7 章

任何料理，
都有能搭配的啤酒

餐酒搭配的思考方式

前面幾章的內容中，已經向各位傳達了啤酒多樣性的魅力。光是單純喝啤酒，就能感受其多元的樣貌，但如果想進一步發揮啤酒的潛力，不如就拿來搭配料理吧！

就像之前多次提過的，啤酒的味道種類很多，從極酸的到甜的、苦的等各式各樣都有。此外，任何啤酒都不會只有單一的味道，而是由苦味、甜味、酸味等各種滋味所組成。它的樣貌多變，沒辦法用一句話總結「啤酒就是這種味道」。換個角度來說，不管是哪一種料理，總能找得到合適的啤酒搭配。

那麼，什麼料理適合搭配什麼啤酒呢？這就是本章的主題了。

不知道大家是否聽過Pairing這個字。Pairing的原意是配對，但是在料理界，則意指「餐酒搭配」。不是單純把兩種東西放在一起，而是將啤酒與性質契合的餐點搭配，讓兩者相輔相成，發揮一加一大於二的效果。

為了替料理和啤酒找到彼此的最佳拍檔，除了必須具備啤酒類型的知識，也需要從酒標的關鍵字揣摩出味道的想像力。只要能想像出啤酒的味道，就可以進一步思考這種味道能夠搭配什麼樣的料理；反之，也能從料理種類選擇搭配的啤酒。以葡萄酒為例，重口味的肉類料理適合紅酒，清淡的魚肉則適合白酒，啤酒也是類似的道理。

　　如果能夠掌握這樣的餐酒搭配，一定能大幅增加品嘗啤酒的樂趣。舉例而言，對啤酒所知有限的人，或許沒想過啤酒還可以搭配香草冰淇淋吧？對很多人來說，喝啤酒就是要搭配香腸、炸雞等高油分食物，或是毛豆之類的小菜。這樣的搭配方式固然有其魅力，但如果能認識更多組合的方式，啤酒的世界不就會更加開闊嗎？

　　那麼，在正式介紹餐酒搭配的具體方法前，先為各位說明餐酒搭配的基本概念。大致說來可分為下列 3 點。

◊ 用啤酒清理口腔食物的味道

　　或許很多人已經在不知不覺間實行這個方法了。許多號稱很適合搭配啤酒的組合，基本上都出自這個概念。舉例而言，吃了炸雞等高油脂食物後，就會喝一杯清爽的皮爾森解膩。這樣的組合可以清除口腔的味道，讓煥然一新的味蕾迎接下一口食物。

◊ 選擇啤酒和料理共通的味道來搭配

　　這是相對簡單的餐酒搭配概念。如果啤酒和料理有共通的味道，基本上搭在一起就不會出錯。例如以煙燻鮭魚或煙燻起司等燻製料理搭配煙燻啤酒，或者以巧克力蛋糕搭配具有巧克力風味的司陶特，只需要把同類的味道放在一起即可。透過相乘效應，可以把共通的味道襯托得更加明顯。

◎ 混搭不同味道的啤酒和料理

這種方式的難度比較高。是將兩個不同的味道彼此混搭組合、強調差異、模糊差異或創造出全新滋味。若想順利搭配，就必須拆解並思考啤酒與料理各自有什麼味道。另外，苦味、甜味、酸味等也分別有適合搭配的組合。例如烘烤過的苦味和甜味非常搭，所以帶有烘烤感的司陶特和香甜的香草冰淇淋是絕配。將苦味和甜味組合，就能迸出全新的味覺感受。

針對以上3點，下面會再進行更詳細的說明。只要掌握這些概念，不只是啤酒與料理的搭配，也可以應用在其他酒類和料理、或料理之間的搭配上。

用啤酒清理口腔食物的味道

啤酒可以沖淡料理的味道，清理口腔味覺。最簡單的做法，就是吃了高油脂的食物後，用皮爾森啤酒解膩。各位在吃了香腸、炸雞或薯條等油膩食物，再大口暢飲清爽的皮爾森啤酒時，應該都會覺得無比痛快吧！

不過，所謂的清理口腔，可不僅止於去油膩。吃了咖哩等辛香味濃厚的料理，或是味噌燉菜等重口味的料理時，搭配清爽的皮爾森啤酒，可以去除食物殘留在口中的味道。

皮爾森這類的清爽
啤酒，是炸雞等高
油脂料理或味噌燉
菜等重口味料理的
最佳拍檔。

　　要注意的是，皮爾森啤酒的種類繁多，依情況不同，有些品
牌可能不適合擔起清理口腔的任務。如果是麥芽味較強、甜味相
對明顯的品牌，啤酒的味道就會在口中殘留比較久。不過這類的
皮爾森畢竟只是少數，大部分的皮爾森，都是尾韻清爽的啤酒，
可有效清除口腔的味道。總而言之，最好的做法還是建立自己專
屬的啤酒標準，並且掌握不同品牌的啤酒特色。

　　就算不是皮爾森，只要是味道清爽、尾韻乾淨俐落的啤酒，
都可以用來清理口腔的味道。以季節啤酒為例，雖然其特色會因
釀酒廠不同而有很大的差異，無法直接斷言每一種季節啤酒的效
果都一樣好，不過整體而言，季節啤酒大多不帶甜味，足以勝任
清理口腔的任務。

　　話說回來，雖然介紹了這麼多，但如果只把啤酒定位成「清

理口腔」的角色，老實說真的太過可惜。坊間介紹適合搭配啤酒的料理時，幾乎都是遵循這樣的概念，甚至連搭配的啤酒也都以皮爾森為前提。很多報導就算寫著「適合搭配啤酒」，也完全沒有交代這些料理適合搭配啤酒的原因。味道的多樣性是啤酒最大的特徵之一，誠心希望各位在清理口腔的功能性考量外，也願意試試更多元的餐酒搭配。

選擇啤酒和料理共通的味道 來搭配

實踐這種概念最省力的做法，就是用顏色搭配。

啤酒的顏色深淺主要由麥芽的烘烤程度而定；如果使用烘烤麥芽、黑麥芽等顏色較深的麥芽，啤酒的顏色和風味都會變濃厚。所以，以深色的啤酒搭配淺色的料理，啤酒的味道大多會蓋過料理的滋味；相反地，淺色啤酒的風味輕盈，若是搭配深色的重口味料理，鋒頭就會被料理搶走。所以，基本原則就是以淺色啤酒搭配淺色料理，深色啤酒搭配深色料理。

到了秋冬季節，很多啤酒大廠都會推出季節限定的啤酒，各位知道這些啤酒有什麼特色嗎？Kirin秋味的特點是麥芽風味濃郁，酒精度數也稍微偏高。琥珀YEBISU則如字面上的意思，是一款帶有輕微烘焙感、喝得出焦糖風味的琥珀色啤酒。為何會推出這樣的啤酒呢？因為秋冬的料理，口味通常比較重，以口味輕盈的啤酒搭配秋冬的重口味料理，不但無法達到清理口腔的效果，啤酒的味道反而會被料理同化、甚至被壓過去。

Kirin 秋味（麒麟啤酒）

琥珀 YEBISU（三寶樂啤酒）

＊照片皆攝於 2018 年

　　那麼，以下就為各位介紹幾個深色啤酒搭配深色料理的範例。

　　首先是以司陶特搭配蘸了醬汁的烤雞串。司陶特的特徵是帶有烘烤過的大麥焦味，非常適合搭配蘸了深色醬汁的烤雞串。烤雞串本身就有燒烤過的香氣，和司陶特的烘烤感可說是相得益彰。除此之外，烤肉醬本身稍帶甜味，和烘烤過的苦味更是絕配。關於這個苦甜組合，會在下一節詳細說明。

　　如果將重點放在司陶特的烘烤感，那麼鹽烤雞肉串應該也不

錯。實際上，司陶特和鹹味確實滿搭的，不過考量到鹽和雞肉都是淺色食材，還是試著用淺色啤酒搭配吧！除了不會出錯的皮爾森外，如果想大膽嘗試有趣的組合，蘭比克可能也是個不錯的選擇。

蘭比克也是淺色系啤酒，搭配同為淺色的雞肉當然沒問題。除了烤雞串，搭配炸雞也可以。這個組合之所以出線，其實還有另一個原因，請留待下一節分曉。

以顏色來搭配餐酒，就像把兩者共通的味道視覺化，是非常簡單易懂的做法。如果不知道該選擇哪一種啤酒搭配料理，不妨就先從同色系下手吧。

醬汁烤雞串和司陶特是深色系的組合；鹽烤雞肉串和蘭比克是淺色系的組合。

　　另一個組合共通味道的方法,就是進行發源地的配對。我指的不是啤酒和料理的製造地,而是它們的發源地。

　　例如發源於德國的小麥啤酒,和巴伐利亞白香腸就是很好的組合。兩者不單都起源自德國,更同樣來自南部的巴伐利亞。小麥啤酒的特徵,是小麥中的蛋白質會使酒液變得白濁,因此很適合搭配白香腸。說穿了,將兩個源自相同地區的飲食相互組合,不過是沿襲從古流傳至今的傳統搭配法,稱不上是什麼新發想。掌握這樣的搭配不需要創意,只要累積相關知識,知道不同國家有什麼傳統的飲食組合即可。

　　累積了一定的功力之後,也可以挑戰把啤酒和料理的味道一

發源自德國的小麥啤酒,搭配德國的巴伐利亞白香腸,果然絕配。

一拆解，從中找出共同之處再加以搭配的方法。

　　舉例而言，比利時艾爾白啤酒的味道經過拆解後，特色最鮮明的就是來自小麥的酸味和橘皮的柑橘香氣。如果以這兩項為重點，橘汁嫩煎雞排和橘子蛋糕應該都是很穩當的選項。除了柑橘這個共通點，嫩煎雞排和比利時艾爾白啤酒也都是淺色系飲食。

　　找出共同的味道加以組合，可說是餐酒搭配的基本概念。只要記住可以根據同色系或同發源地搭配，也可以拆解味道後選擇共通點搭配，這樣應該就足夠了。

淋上橘汁的雞排，和比利時艾爾白啤酒的共通點是柑橘味，兩者很搭。

混搭不同味道的啤酒和料理

和前面兩種方法相比，以下介紹的是難度稍高的進階版。

這種方式的具體做法，就是拆解料理的味道，找出非共通的味道進行搭配。不過，當然不是只要味道不同就可以隨意搭配，而是找出能夠互相襯托的組合。

◉ 鹹味 × 酸味

在前一節「選擇啤酒和料理共通的味道來搭配」的內容中，我舉了鹽烤雞串和炸雞搭配蘭比克啤酒的例子。除了啤酒和料理都是淺色系外，可以創造出新的味道也是原因之一。

烤雞串和炸雞的基底調味都是鹹味，而蘭比克的最大特徵，是強度直逼檸檬汁和醋的強烈酸味。鹹味和酸味能讓彼此的味道變得柔和，而且酸味還有提引出鮮味的作用。

在餐廳點的烤雞串和炸雞送上桌時，常會附贈檸檬切片；蘭比克的強烈酸味，就在這裡扮演了如同檸檬切片的角色。

蘭比克的用途，類似烤雞串和炸雞旁的檸檬片。

◉ 辣味 × 酸味

　　接下來介紹其他適合與蘭比克搭配的料理。蘭比克的酸味，和辣味也十分相配。酸味和辣味的契合度之高，從很多料理可以得到驗證。舉例而言，以冬蔭功最具代表性的泰國料理，就有不少以酸味搭配辣味的巧妙組合；韓國泡菜和酸辣湯也是同樣的組合。這些料理都是利用酸味和辣味會柔化彼此的特性，創造出獨特的風味。

　　若以這樣的效果為目標，我推薦蘭比克還能搭配帶有濃濃花椒味的麻婆豆腐。蘭比克的酸味和麻婆豆腐的辣味可以互相減弱，而花椒的涼感也會和蘭比克的酸味融合。以麻婆豆腐搭配皮爾森啤酒，確實也是一個清除口腔殘味的好方法，但與蘭比克啤酒的組合也值得一試。

蘭比克

蘭比克的酸味和麻婆豆腐的辣味很搭，而麻婆豆腐中的花椒的涼感，與蘭比克的酸味也是絕配。

◉ 鮮味 × 苦味

這個組合，是以啤酒花苦味明顯的啤酒，搭配味道鮮美的料理。具體來說，就是用 IPA 搭配漢堡。

啤酒花的苦味可以提引出肉的鮮味。而漢堡裡匯集的酸、鮮等多種滋味，也能藉由苦味來加以整合。尤其是喝起來有些許草本味的 IPA，可望發揮提味的功能。各位可以想像一下牛排旁邊常出現的西洋菜（豆瓣菜），應該就可以理解這種搭配了。

啤酒花的苦味具有提引出肉類鮮味的效果。

IPA

◉ 甜味 × 焦味

　　每當我介紹餐酒搭配時，眾人最驚訝的莫過於這個組合。在具體介紹幾種搭配法之前，先解釋一下前述的醬汁烤雞串與司陶特的組合吧！

　　甜味有緩和焦味（烘焙的苦味）的效果，兩者合體還能交織出新的風味。咖啡和巧克力，就是結合甜味與焦味最具代表性的例子。黑咖啡和可可豆含量高的巧克力都帶有明顯的烘焙苦味，不是人人都能接受。但如果添加砂糖減緩苦味，咖啡和巧克力就會變得美味許多。以醬汁的甜味搭配司陶特的焦味，也是出於同樣的原理。

　　除了烤雞串的醬汁，帶有焦味的司陶特還能跟什麼搭配呢？答案呼之欲出，只要是甜味食物就行了。

　　具體來說，司陶特和甜點就是絕佳的組合。尤其是以香草冰淇淋搭配司陶特啤酒，幾乎稱得上是經典。大家可以像喝漂浮咖啡一樣，直接把香草冰淇淋放在啤酒上面，或者像阿法奇朵一樣，把啤酒淋在冰淇淋上享用。

　　另外，常溫蛋糕和司陶特也很搭。下回品嘗瑪德蓮蛋糕或戚風蛋糕時，不妨試著把蛋糕先浸在司陶特啤酒裡再吃。其實不單是司陶特，只要是黑啤酒，例如Schwarz、波特等，都是甜點的好搭檔。不過要注意的是，如果選擇本身已具備強烈甜味的黑啤酒，口味會變得甜上加甜，所以記得要選擇甜度低的黑啤酒。

　　相反地，如果搭配的是烘烤味濃厚的低糖甜點，為了增加甜度，或許甜味較重的大麥酒是不錯的選擇。

　　如上所述，將啤酒與各種食物組合搭配，可以創造全新的飲食體驗。該如何選擇合適的餐食，才能發揮啤酒更大的潛力？試

著想想這樣的問題，也是品味啤酒的一種樂趣呢！

香甜的香草冰淇淋搭配帶有焦味的司陶特啤酒，已成為經典組合。另外也推薦把常溫蛋糕浸泡在司陶特啤酒的吃法。

司陶特

尾聲

　　我認為這幾年來，日本的啤酒業界已經進入第3階段。

　　第1階段，是只有啤酒大廠能夠釀造啤酒的時代。取得啤酒釀造執照的門檻是2百萬公升的年釀造量，導致業界一直沒有新的釀酒廠加入。

　　這個時代在1994年劃下句點，自此進入第2階段。隨著酒稅法的修訂，最小年釀造量下修到6萬公升。此舉促成了小型釀酒廠如雨後春筍般興起，掀起一陣在地啤酒風潮，但如前所述，這股風潮僅維持了數年，宛如曇花一現。

　　至於何時進入第3階段，雖然沒有明確的分界線，但大約是在2016年左右。進入第3階段的契機並非來自酒稅法修正之類的重大變革，而是思考方式的轉變，因此不容易明確劃分。直到現在，變化仍持續進行中。

　　包括啤酒在內，這個世界的各種思維，都是從競爭開始，再慢慢轉變成共享與共存。我認為這個變化，可以從「Share」這個字在人們心中的意義裡看出端倪。我指的變化並不是「Share」這個英文單字的字義，而是人們如何看待這個字的角度。

　　直到不久之前，在啤酒業界提到「Share」，多半會立刻聯想到各啤酒大廠的內銷數量和營業額的市占率。換言之，這裡的「Share」，指的是自家營業額市占率能夠提升多少的「Share（市占率）」，也就是與其他廠商競爭的結果。當然，Share目前仍有市占率的意思。

　　然而同一時間，把「Share」的意思解釋為「共享」的情況也愈來愈多了。不同啤酒大廠共同配送商品的現象，已經愈來愈普及。雖然這是物流成本節節上漲的結果，不過這確實也是一種形式的共享經濟（Share

Economy）。原本是相互競爭市占率的對手公司，現在也成為共享基礎物流設備的夥伴了。

另一個現象，是啤酒大廠與小規模釀造所之間的關係變化。以下再從「共享、共存」的角度，為各位介紹一個「Share」的事例。

從1994 年開始到2016年前後，小規模釀造所的存在，就像是一種對啤酒大廠的反動。當然，或許很多人並不同意這樣的說法，不過我認為在許多人心中，小規模釀造所的啤酒就是「異於大廠、充滿獨創性的啤酒」。簡單來說，就是把啤酒分成「大廠啤酒和非大廠啤酒」兩種。

不過，這樣的傾向正在逐漸改變。例如「IBUKI」這個啤酒花品種，是麒麟啤酒主要在日本東北以契作方式育種而成的，如今也開始供貨給其他廠商使用。有些小型釀酒廠原本使用自家培育或當地栽培的啤酒花，現在就多了「IBUKI」這個選項。

不僅如此，小型釀酒廠之間合作推出聯名款啤酒、彼此進行技術交流等，也已經十分常見。例如東北就有幾間小型釀酒廠，共同舉辦了「東北魂啤酒企劃」活動，讓釀酒師們齊聚一堂，分享彼此的經驗和技術，一

起釀造啤酒。

2017年，麒麟啤酒的子公司Spring Valley Brewery也參加了這個企劃。換句話說，小型釀酒廠和啤酒大廠得以在此肩並肩，共同交流知識與技術。

總結來說，第1階段是啤酒大廠獨占的時代，第2階段是啤酒大廠和在地啤酒、精釀啤酒的時代，第3階段是整個啤酒業界共享知識與技術的時代。

有人說，啤酒產業已經走下坡了。說是啤酒，其實應該是整體飲酒人口都有逐漸減少的趨勢，我想主要有兩個原因。

第一是工作年齡人口的減少。喝酒是成年人的專利，而高齡的年長者又不能喝太多酒，因此我們應該可以直接說，飲酒人口就等同於工作年齡人口。而至少直到2050年，人口會持續減少。

另一個原因，是嗜好品的選擇愈來愈廣。選項既然增加了，自然也會稀釋每個選項的人數，因此，選擇在閒暇時喝酒的人口就變少了。不只是酒，據說看電影、開車兜風的人也愈來愈少。那麼這些放棄看電影和開車的人在做什麼呢？當然是另有選擇了。

不僅如此，酒類本身的選擇也增加了。大家不再像從前「無論吃什麼都先來杯啤酒」，愈來愈多人會轉而選擇其他酒類。另外，隨著「精釀啤酒」的認知度大增，消費者也慢慢意識到，原來啤酒也有各式各樣的選擇。

為了讓啤酒在豐富多元的嗜好品中脫穎而出，就需要讓更多人了解啤酒的魅力。除了大廠牌之外，包括小型釀酒廠在內的整個啤酒業界，都為了推廣啤酒的魅力而積極展開行動。我想這就是第3階段的現在進行式。

第3階段的關鍵字是「Share」。不再是互相競爭市占率，而是共享彼此價值的時代。銷售額雖然是重要的

指標之一，但是我們已經進入思考著如何將其他以外的價值，加以最大化的時代。價值是愈分享愈多的，「精釀啤酒」廣大人氣的背後，已悄悄發生這樣的改變。

雖然這樣的改變尚未掀起巨大的浪潮，但各位不覺得這樣的變化很有趣嗎？我想，今後的啤酒業界一定會變得愈來愈精彩。本書介紹了一部分啤酒的樂趣所在，這也是一種價值的共享。如果各位讀了本書，產生了把啤酒的價值分享給其他人的念頭，這就是我最大的欣慰。

最後，我要藉著這個機會感謝每一位參與本書製作的人員。尤其是邀請我執筆的品田洋介先生、SB Creative株式會社的田上理香子小姐、出井貴完先生，更是對我提供了大力協助，十分感謝。

感謝所有將本書讀到最後一頁的讀者，期待有緣與各位同桌共酌。

2019年3月　富江弘幸

索引

照片提供：アイコン・ユーロパブ、アサヒグループホールディングス、アンハイザー・ブッシュ・インベブ ジャパン、伊勢角屋麦酒、ウィスク・イー、AQ ベボリューション、エチゴビール、木内酒造、キリン、コエドブルワリー、小西酒造、KOBATSU トレーディング、ザート商会、サッポロホールディングス、島根ビール、昭和貿易、サンクトガーレン、サントリーホールディングス、世嬉の一酒造、大榮産業、ナガノトレーディング、那須高原ビール、廣島、ブラッセルズ、ベアレン醸造所、三井食品、箕面ビール、モルソン・クアーズ・ジャパン、ヤッホーブルーイング。

國家圖書館出版品預行編目資料

啤酒素養學：原料、釀造、品飲的享樂指南 / 富江弘幸著；藍嘉楹譯. --
初版 . -- 臺中市：晨星，2020.09
面；公分 . ——（知的！；171）

譯自：教養としてのビール

ISBN 978-986-5529-43-7（平裝）

1.飲食 2.啤酒

463.821   109011221

知
的
！
171

啤酒素養學：
原料、釀造、品飲的享樂指南
教養としてのビール

作者	富江弘幸
內文圖片	高村かい
內文圖版	クニメディア株式会社
原出版社	SB クリエイティブ株式会社
原文校正	曾根信壽、青山典裕
作者介紹人	品田洋介、田上理香子、出井貴完
譯者	藍嘉楹
編輯	吳雨書
校對	吳雨書、黃姿瑋
封面設計	陳語萱
美術設計	黃偵瑜

創辦人	陳銘民
發行所	晨星出版有限公司
	407 台中市西屯區工業 30 路 1 號 1 樓
	TEL：04-23595820　FAX：04-23550581
	行政院新聞局局版台業字第 2500 號
法律顧問	陳思成律師
初版	西元 2020 年 9 月 15 日　初版 1 刷
總經銷	知己圖書股份有限公司
	106 台北市大安區辛亥路一段 30 號 9 樓
	TEL：02-23672044 / 23672047　FAX：02-23635741
	407 台中市西屯區工業 30 路 1 號 1 樓
	TEL：04-23595819　FAX：04-23595493
	E-mail：service@morningstar.com.tw
	網路書店 http://www.morningstar.com.tw
訂購專線	02-23672044
郵政劃撥	15060393（知己圖書股份有限公司）
印刷	上好印刷股份有限公司

掃描 QR code 填回函，成為晨星網路書店會員，
即送「晨星網路書店 Ecoupon 優惠券」一張，
同時享有購書優惠。